工程制图画法示例

张惠云　刘合荣　邢鸿雁　主编

天津大学出版社
TIANJIN UNIVERSITY PRESS

内容提要

　　《工程制图画法示例》是为了配合《机械制图》和《工程制图》教材及习题集的使用而编写的,该书突出课程的重点和难点,提高学生的读图和看图的能力,增强学生的空间想象能力和形象思维能力。

　　全书共分 11 章,主要内容有:制图基本知识、正投影法和基本几何元素的投影、立体的投影、截切立体的投影、相交立体的投影、组合体、图样画法、标准件和常用件、零件图、装配图和模拟题等。

　　本书内容通俗易懂,简明扼要,适用于大专院校机械类和非机械类专业的学生使用,也可供高等职业技术大学、成人高校及中等技术学校的学生使用。

图书在版编目(CIP)数据

工程制图画法示例/张惠云,刘合荣主编. —天津:天津大
学出版社,2011.10
　ISBN 978-7-5618-4180-8

　Ⅰ.①工… 　Ⅱ.①张… ②刘… 　Ⅲ.①工程制图
Ⅳ.①TB23

　中国版本图书馆 CIP 数据核字(2011)第 198034 号

出版发行	天津大学出版社
出 版 人	杨欢
地　　址	天津市卫津路 92 号天津大学内(邮编:300072)
电　　话	发行部:022-27403647　邮购部:022-27402742
网　　址	www.tjup.com
印　　刷	昌黎太阳红彩色印刷有限责任公司
经　　销	全国各地新华书店
开　　本	185mm×260mm
印　　张	7
字　　数	175 千
版　　次	2011 年 10 月第 1 版
印　　次	2011 年 10 月第 1 次
印　　数	1—8 000
定　　价	24.00 元

前　言

根据全国高等学校工科工程制图教学指导委员会制定的教学基本要求,采用最新的国家标准,吸取多所院校《工程制图》教材的精华,总结我教研室多年来《机械制图》和《工程制图》的教学改革经验,为方便制图课程的教学编写而成。

工程制图课程主要以图形讲解为主,要求学生根据投影关系想象空间的几何形体,不断地由物画图,由图想物,培养学生科学思维方法、空间思维能力、图样处理能力。

由于本课程的特点,学生在学习的过程中,普遍感到学习困难,"课听得懂,书也能看明白,但是解题时无从下手",针对这一情况,我们组织教师编写了这本《工程制图画法示例》一书,帮助学生尽快掌握画图和读图的基本技巧。

编写时,每一题都经过严格的筛选,尽量覆盖所有的知识点,尽力为每道题配以三维立体图。内容由浅入深,循序渐进。文字提示简练、结构紧凑、通俗易懂。

本书由张惠云、刘合荣、邢鸿雁主编,参编的有范竞芳、刘明涛和郭志全。另外在编写的过程中得到了李国盛、李阳阳、李鹏等学生的大力支持,在此表示衷心的感谢。

本书参考了一些国内相关同类教材,在此特向有关作者表示诚挚谢意。

由于我们的水平有限,书中难免有缺点和错误,恳请读者批评指正。

编　者

2011 年 8 月

前　言

目 录

第 1 章　制图基本知识 ……………………………………………………… (1)

第 2 章　正投影法和基本几何元素的投影 ………………………………… (2)

第 3 章　立体的投影 ………………………………………………………… (9)

第 4 章　截切立体的投影 …………………………………………………… (12)

第 5 章　相交立体的投影 …………………………………………………… (22)

第 6 章　组合体 ……………………………………………………………… (29)

第 7 章　图样画法 …………………………………………………………… (52)

第 8 章　标准件和常用件 …………………………………………………… (70)

第 9 章　零件图 ……………………………………………………………… (80)

第 10 章　装配图 …………………………………………………………… (89)

第 11 章　模拟题 …………………………………………………………… (91)

目　录

第1章 制图基本知识

箭头及尺寸标注练习。（尺寸数字从图中量取整数）

（1）画出箭头并写出尺寸数字。

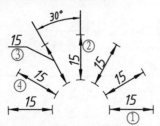

提示：

① 水平数字不允许写在尺寸线的下方；

② 垂直数字不允许写在尺寸线的右方，一般注在尺寸线的左侧，字头向左；

③ 图示30°位置一般不注写尺寸，要注写需用引线；

④ 其他位置注写数字，字头应有向上的趋势。

（2）标注直径或半径尺寸。

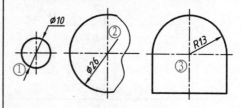

提示：

① 尺寸线不允许画在点画线上；

② 标注大半圆直径尺寸线的另一端必须超过点画线；

③ 半径尺寸线另一端应从圆心引出。

（3）标注角度尺寸。

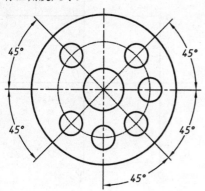

提示：角度数字无论在哪个位置都要水平书写。

（4）标注平面图形的尺寸。

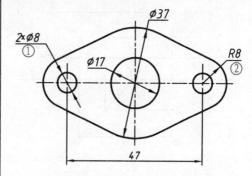

提示：① 相同元素的直径要写数量，如2×φ8；
② 相同元素的半径不写数量，如R8。

（5）标注平面图形的尺寸。

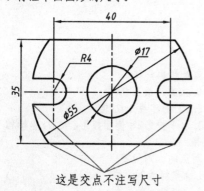

这是交点不注写尺寸

（6）标注平面图形的尺寸。

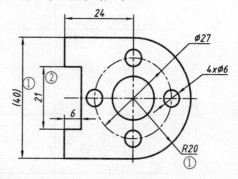

提示：

① 一般注写R20，这个位置的40不需标注；

② 小尺寸在里，大尺寸在外。

1

第2章 正投影法和基本几何元素的投影

2-1 点的投影。

（1）已知点的两面投影，求点的第三投影。

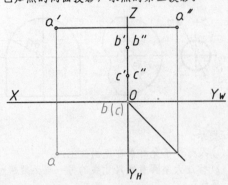 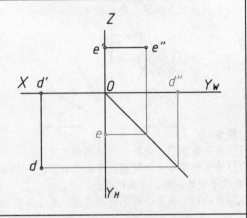

（2）已知点的两面投影，求点的第三投影，并判断重影点的可见性。

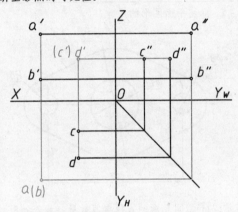

（3）已知点B的投影，点A位于点B之后、之下、之右皆为10 mm，求点A的三面投影。

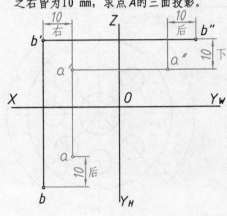

（4）已知点A的投影，点B在点A的正后方12 mm，点C在点A正下方13 mm，点D在点A的正右方18 mm。补全诸点的三面投影，并判断可见性。

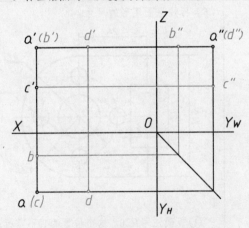

点的投影规律：
1. a'a的连线⊥OX轴；
2. a'a"的连线⊥OZ轴；
3. 水平投影a和侧面投影a"的OY坐标相等。

两点的相对位置：
1. X坐标大的在左；
2. Y坐标大的在前；
3. Z坐标大的在上。

第2章 正投影法和基本几何元素的投影

2-2 直线的投影。

（1）求直线的第三投影，并判别其相对于投影面的位置，在投影图上反映倾角实形处用 α、β、γ 表示。

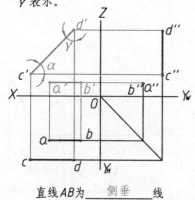 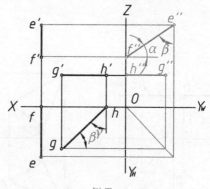

直线 AB 为 ___侧垂___ 线   直线 EF 为 ___侧平___ 线

直线 CD 为 ___正平___ 线   直线 GH 为 ___水平___ 线

（2）判断两直线的相对位置。

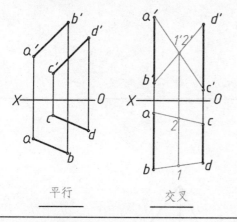 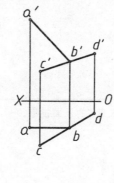 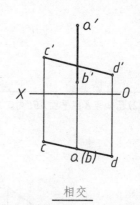

___平行___   ___交叉___   ___相交___   ___相交___

（3）求作水平线 MN 与 AB、CD、EF 三直线均相交。

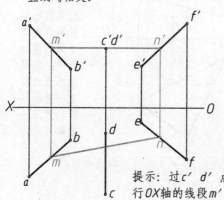

提示：过 c′ d′ 点作平行 OX 轴的线段 m′ n′，由 m′ n′ 求作 mn。

（4）过点 A 作直线 AB 平行于直线 DE；作直线 AC 与直线 DE 相交，其交点距 H 面为 10 mm。

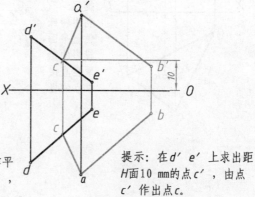

提示：在 d′ e′ 上求出距 H 面 10 mm 的点 c′，由点 c′ 作出点 c。

3

第2章 正投影法和基本几何元素的投影

2-3 平面的投影。

(1) 求下列平面的第三投影，判断其空间位置，在投影图上反映倾角实形处用 α、β、γ 表示。

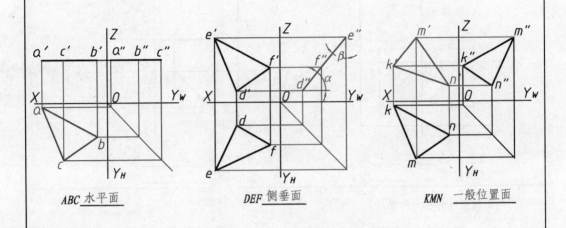

ABC 水平面   DEF 侧垂面   KMN 一般位置面

(2) 已知点 K 在平面 ABC 内，求点 K 的正面投影。

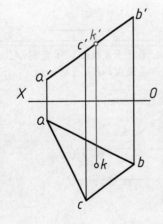

提示：利用特殊位置平面投影的积聚性直接求点的投影。

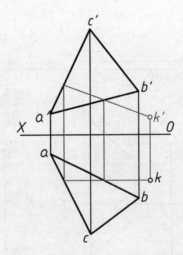

提示：对于一般位置平面，过点的已知投影作属于平面的辅助直线，求出辅助直线的另一投影，则点的另一投影可求出。

第2章 正投影法和基本几何元素的投影

2-3 平面的投影。

(3) 在平面ABC内过点K作一条水平线KL。

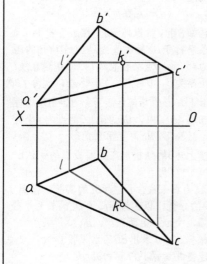

提示: 水平线的正面投影平行于OX轴, 过点k'做直线k'l'平行于OX轴, 由k'l'求出kl。

(4) 在平面ABC内作一条正平线MN, 使其距V面25mm。

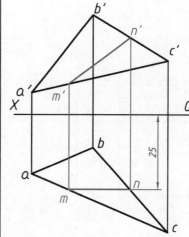

提示: 正平线的水平投影平行于OX轴, 它距OX轴的距离为水平线距V投影面的距离。

(5) 过点A作矩形ABCD, 短边AB=20 mm垂直于V面, 长边BC=40 mm, α=30°, 求作矩形ABCD的投影(求一解)。

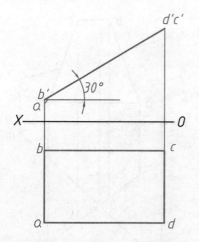

提示: 由已知条件可知短边AB为正垂线, 故可知矩形ABCD为正垂面, AD和BC为正平线。

(6) 已知等边三角形EFG是正平面, 其上方顶点为E, 下方的边FG为侧垂线, 边长为36 mm, 补全该等边三角形EFG的两面投影。

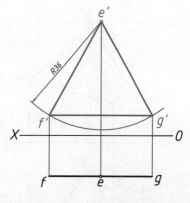

提示: 由已知条件知三角形EFG为正平面, 其水平投影积聚成一条过点e且平行于OX轴的直线, 该直线也是边FG的水平投影, 由已知条件可知其长度为36 mm, 利用三角形EFG的正面投影反映实形可求出其正面投影。

第2章 正投影法和基本几何元素的投影

2-3 平面的投影。

(7) 以正平线 AC 为对角线作一正方形 $ABCD$，点 B 距 V 面为 45 mm，完成正方形的投影。

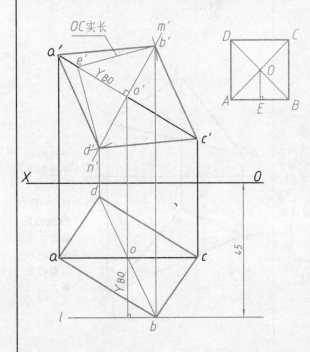

作图过程：

1. 确定 AC 的中点 O，过 o' 作 $a'c'$ 垂线 $m'n'$，b'、d' 一定在 $m'n'$ 上；

2. 已知 B 距 V 面为 45 mm，在水平投影上画一条平行于 OX 轴的直线 l，且 l 到 OX 轴的距离为 45 mm，b 点必在直线 l 上，O 点到直线 l 的距离为 B、O 两点的 Y 坐标差，设为 Y_{BO}；

3. 由正方形的几何性质可知 $BO=CO$，如图正方形 $ABCD$ 中，OE 为 B、O 两点的 Y 坐标差，三角形 OBE 为直角三角形；

4. 按上述3的分析，在正面投影的 $o'a'$ 上取 $o'e'=Y_{OB}$；

5. AC 为正平线，$o'c'$ 为 OC 的实长，按照上述4的分析，以 e' 为圆心，OC 的长为半径画弧，交 $m'n'$ 上两点 b'、d'；

6. 根据 b'、d' 求出 BD 的水平投影 bd；

7. 连接并加深 $a'b'c'd'$ 和 $abcd$。

2-4 求作直线与平面的交点或平面与平面的交线，并判别直线或平面的可见性。

(1)

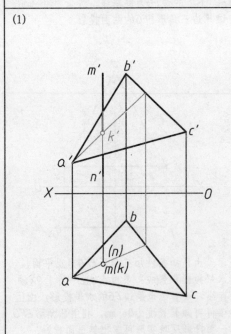

(2)

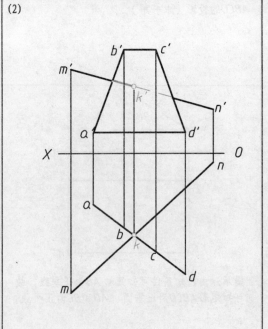

第2章 正投影法和基本几何元素的投影

2-4 求作直线与平面的交点或平面与平面的交线，并判别直线或平面的可见性。

(3)

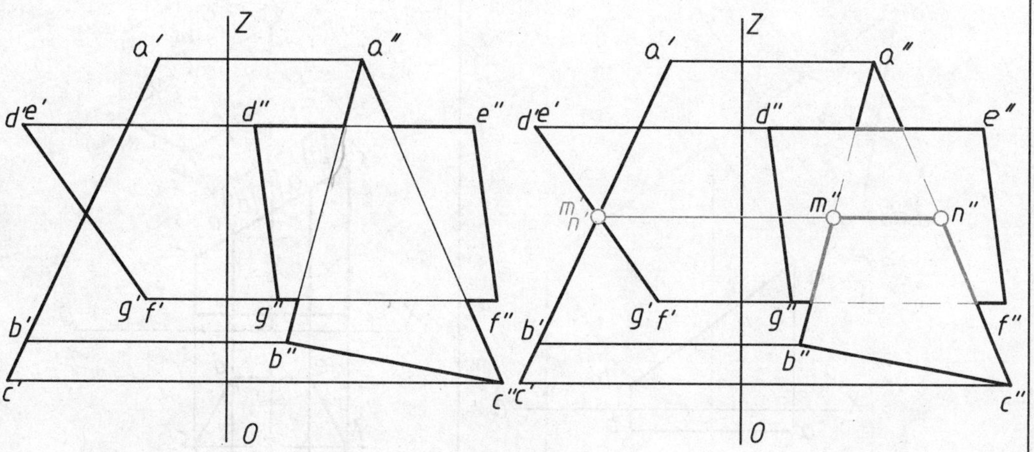

(4)

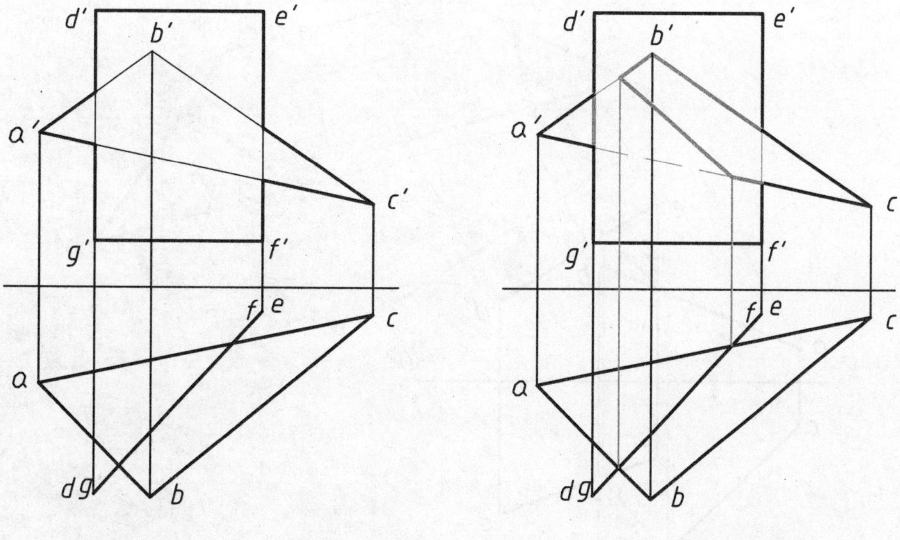

第2章 正投影法和基本几何元素的投影

2-5 换面法。

(1) 正平线AB是正方形ABCD的边，点C在B的前上方，正方形对V面的倾角为45°，试补画正方形的两面投影。

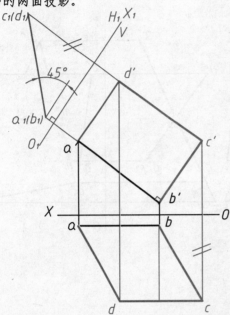

(2) 求正六棱柱切割面ABCDEF的实形。

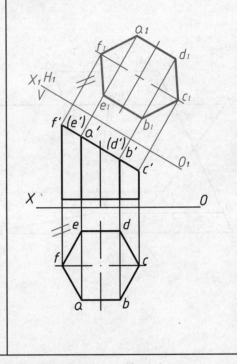

(3) 求两交叉管AB和CD之间的最短连接管的实长及两面投影。（换面法）

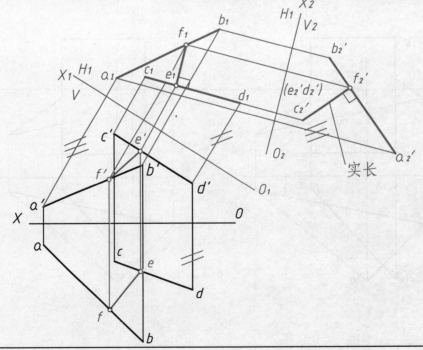

第3章 立体的投影

3-1 求平面立体的第三投影，并作出其表面上各点或直线的其余投影。

（1）

（2）

提示：点的水平面和侧面投影的 Y 坐标相等，注意量取的方向。

（3）

（4）

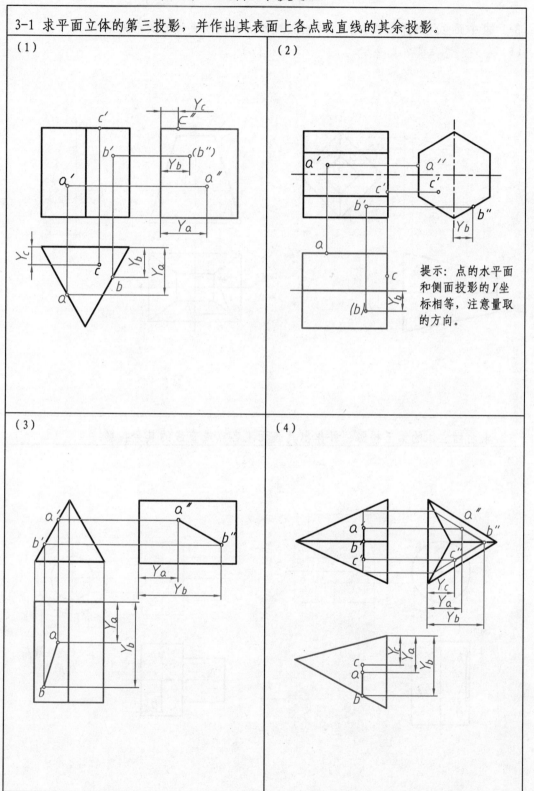

第3章 立体的投影

3-1 求平面立体的第三投影，并作出其表面上各点或直线的其余投影。

（5）

（6）

3-2 求曲面立体的第三投影，并作出其表面上各点或直线的其余投影。

（1）

（2）

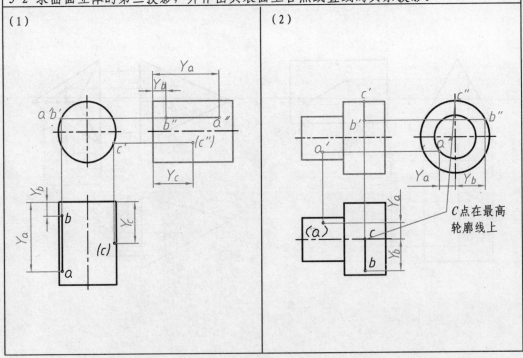

C点在最高
轮廓线上

第3章 立体的投影

3-2 求曲面立体的第三投影，并作出其表面上各点或直线的其余投影。

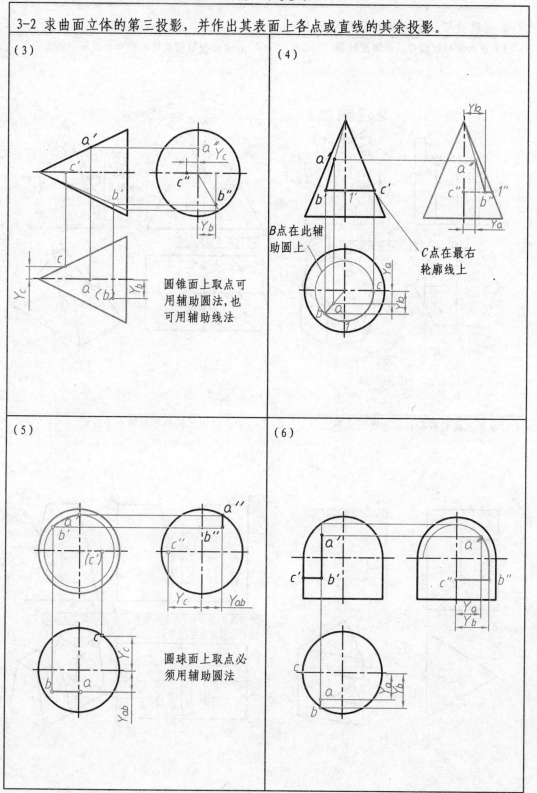

（3）

圆锥面上取点可
用辅助圆法，也
可用辅助线法

（4）

B点在此辅
助圆上

C点在最右
轮廓线上

（5）

圆球面上取点必
须用辅助圆法

（6）

第4章 截切立体的投影

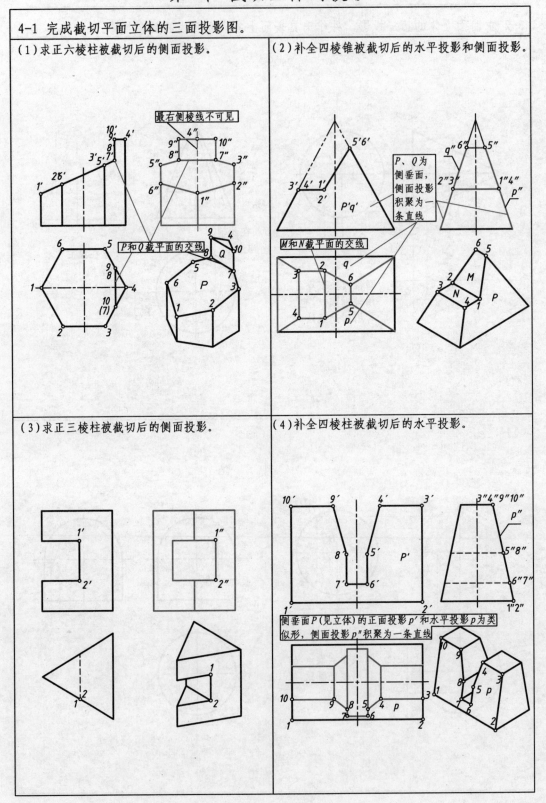

4-1 完成截切平面立体的三面投影图。

（1）求正六棱柱被截切后的侧面投影。

最右侧棱线不可见

*P*和*Q*截平面的交线

（2）补全四棱锥被截切后的水平投影和侧面投影。

P、*Q*为侧垂面，侧面投影积聚为一条直线

*M*和*N*截平面的交线

（3）求正三棱柱被截切后的侧面投影。

（4）补全四棱柱被截切后的水平投影。

侧垂面*P*（见立体）的正面投影*p'*和水平投影*p*为类似形，侧面投影*p"*积聚为一条直线

第4章 截切立体的投影

4-1 完成截切平面立体的三面投影图。

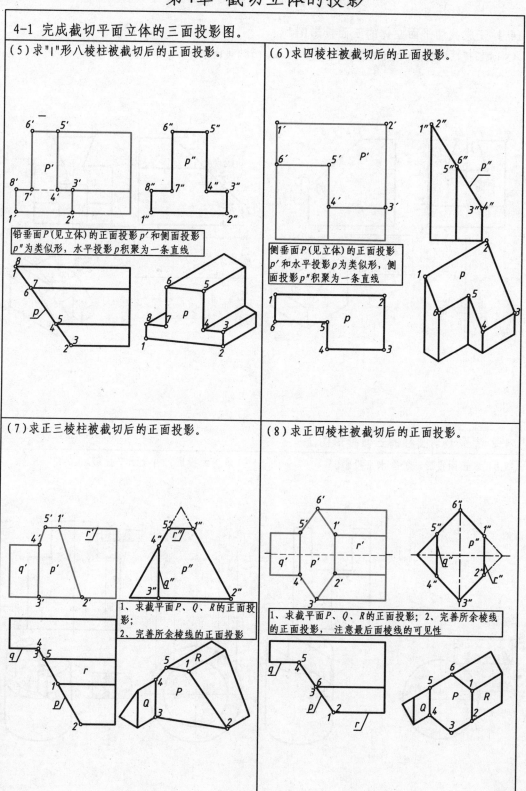

（5）求"工"形八棱柱被截切后的正面投影。

铅垂面P（见立体）的正面投影p'和侧面投影p"为类似形，水平投影p积聚为一条直线

（6）求四棱柱被截切后的正面投影。

侧垂面P（见立体）的正面投影p'和水平投影p为类似形，侧面投影p"积聚为一条直线

（7）求正三棱柱被截切后的正面投影。

1、求截平面P、Q、R的正面投影；
2、完善所余棱线的正面投影

（8）求正四棱柱被截切后的正面投影。

1、求截平面P、Q、R的正面投影；2、完善所余棱线的正面投影，注意最后面棱线的可见性

第4章 截切立体的投影

4-1 完成截切平面立体的三面投影图。

(9)求四棱柱被截切后的水平投影。

(10)求四棱柱被截切后的水平投影。

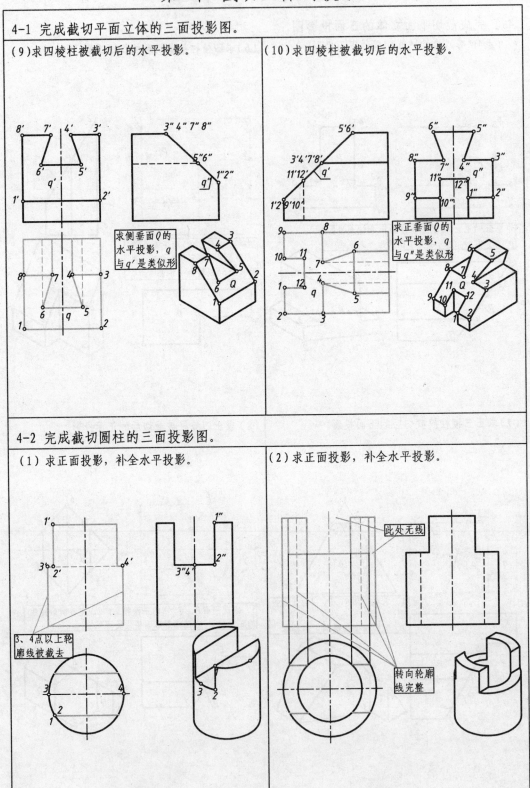

求侧垂面Q的
水平投影，q
与q'是类似形

求正垂面Q的
水平投影，q
与q"是类似形

4-2 完成截切圆柱的三面投影图。

(1)求正面投影，补全水平投影。

(2)求正面投影，补全水平投影。

此处无线

转向轮廓
线完整

3、4点以上轮
廓线被截去

第4章 截切立体的投影

4-2 完成截切圆柱的三面投影图。

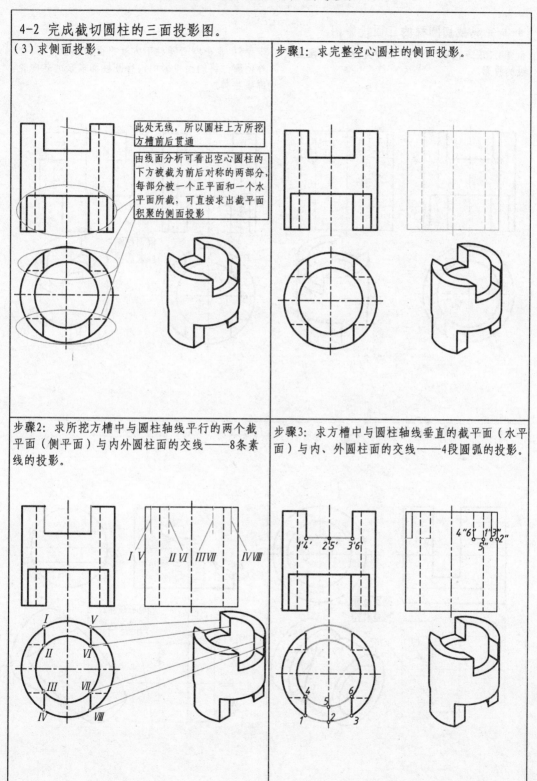

（3）求侧面投影。

此处无线，所以圆柱上方所挖方槽前后贯通

由线面分析可看出空心圆柱的下方被截为前后对称的两部分，每部分被一个正平面和一个水平面所截，可直接求出截平面积聚的侧面投影

步骤1：求完整空心圆柱的侧面投影。

步骤2：求所挖方槽中与圆柱轴线平行的两个截平面（侧平面）与内外圆柱面的交线——8条素线的投影。

I V　　II VI　　III VII　　IV VIII

I　V
II　VI
III　VII
IV　VIII

步骤3：求方槽中与圆柱轴线垂直的截平面（水平面）与内、外圆柱面的交线——4段圆弧的投影。

1'4'　2'5'　3'6'

4"6"　1"3"
5"　2"

4　5　6
1　2　3

15

第4章 截切立体的投影

4-2 完成截切圆柱的三面投影图。

步骤4: 求方槽中3个截平面的交线——4段正垂线的投影。

步骤5: 求出空心圆柱下方截平面的侧面投影,完善轮廓,将侧面投影中内外圆柱面多余的转向轮廓线去掉。

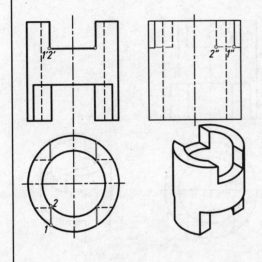

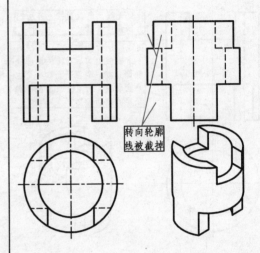

转向轮廓线被截掉

---

(4) 求水平投影,补全侧面投影。

(5) 求水平投影,补全侧面投影。

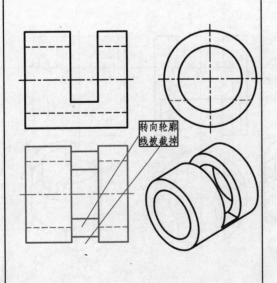

转向轮廓线被截掉

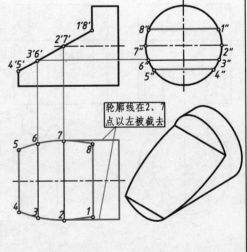

轮廓线在2、7点以左被截去

第4章 截切立体的投影

4-2 完成截切圆柱的三面投影图。

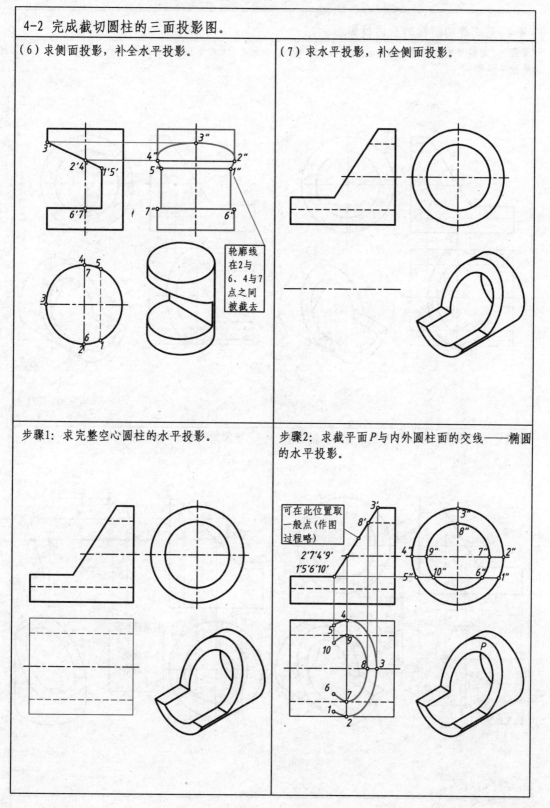

（6）求侧面投影，补全水平投影。

轮廓线在2与6、4与7点之间被截去

（7）求水平投影，补全侧面投影。

步骤1：求完整空心圆柱的水平投影。

步骤2：求截平面P与内外圆柱面的交线——椭圆的水平投影。

可在此位置取一般点（作图过程略）

第4章 截切立体的投影

4-2 完成截切圆柱的三面投影图。

步骤3：求截平面Q与内外圆柱面的交线——素线的水平投影。	步骤4：求截平面P、Q的交线的投影。

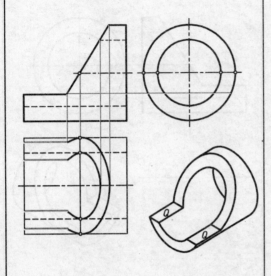
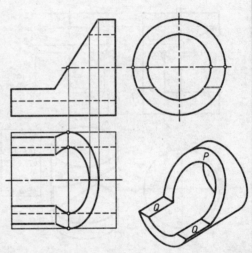

步骤5：完善轮廓，将水平投影中多余的转向轮廓线去掉。	（8）求侧面投影，补全水平投影。

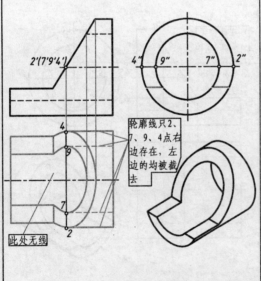

2'(7'9'4') 4" 9" 7" 2"

4
9

7
2

轮廓线只2、7、9、4点右边存在，左边的均被截去

此处无线

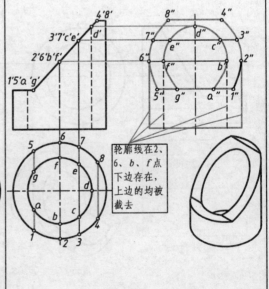

4'8' 8" 4"
3'7'c'e' d' 7" d" 3"
2'6'b'f' 6" e" c" 2"
1'5'a'g' f" b"
5" g" a" 1"

5 6 7
g f e
a b c d
8
1 2 3 4

轮廓线在2、6、b、f点下边存在，上边的均被截去

第4章 截切立体的投影

4-3 完成截切圆锥的三面投影图。

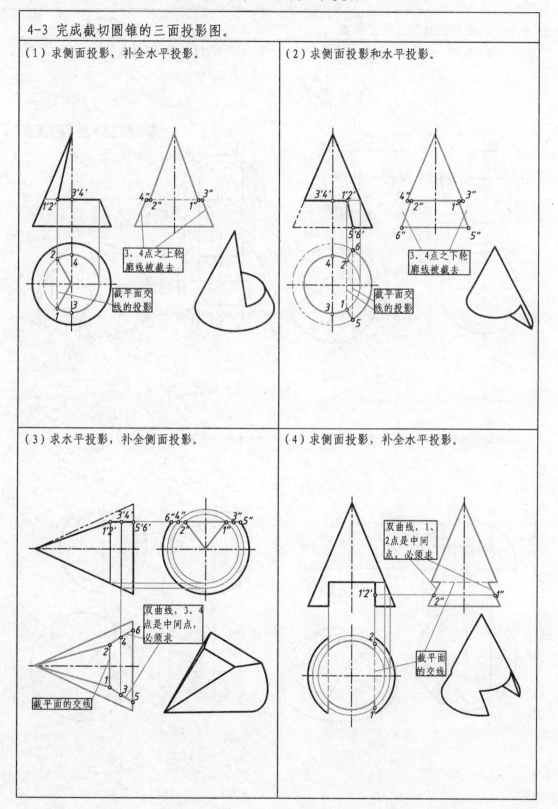

（1）求侧面投影，补全水平投影。

3、4点之上轮廓线被截去

截平面交线的投影

（2）求侧面投影和水平投影。

3、4点之下轮廓线被截去

截平面交线的投影

（3）求水平投影，补全侧面投影。

双曲线，3、4点是中间点，必须求

截平面的交线

（4）求侧面投影，补全水平投影。

双曲线，1、2点是中间点，必须求

截平面的交线

第4章 截切立体的投影

4-4 完成截切圆球的三面投影图

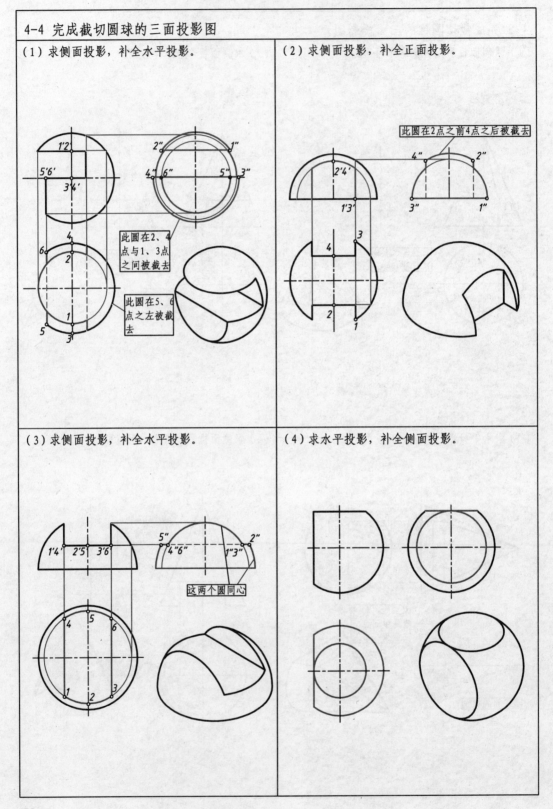

（1）求侧面投影，补全水平投影。

此圆在2、4点与1、3点之间被截去

此圆在5、6点之左被截去

（2）求侧面投影，补全正面投影。

此圆在2点之前4点之后被截去

（3）求侧面投影，补全水平投影。

这两个圆同心

（4）求水平投影，补全侧面投影。

第4章 截切立体的投影

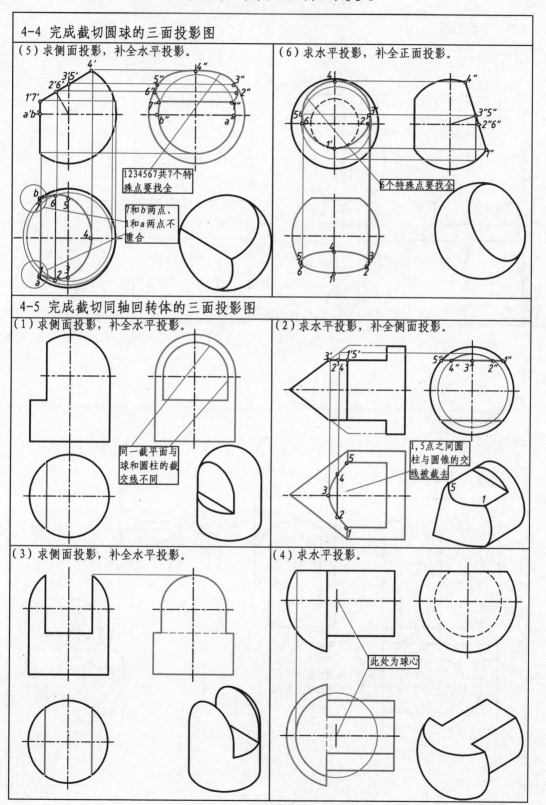

4-4 完成截切圆球的三面投影图

(5) 求侧面投影，补全水平投影。

1234567共7个特殊点要找全

7和b两点、1和a两点不重合

(6) 求水平投影，补全正面投影。

6个特殊点要找全

4-5 完成截切同轴回转体的三面投影图

(1) 求侧面投影，补全水平投影。

同一截平面与球和圆柱的截交线不同

(2) 求水平投影，补全侧面投影。

1,5点之间圆柱与圆锥的交线被截去

(3) 求侧面投影，补全水平投影。

(4) 求水平投影。

此处为球心

第5章 相交立体的投影

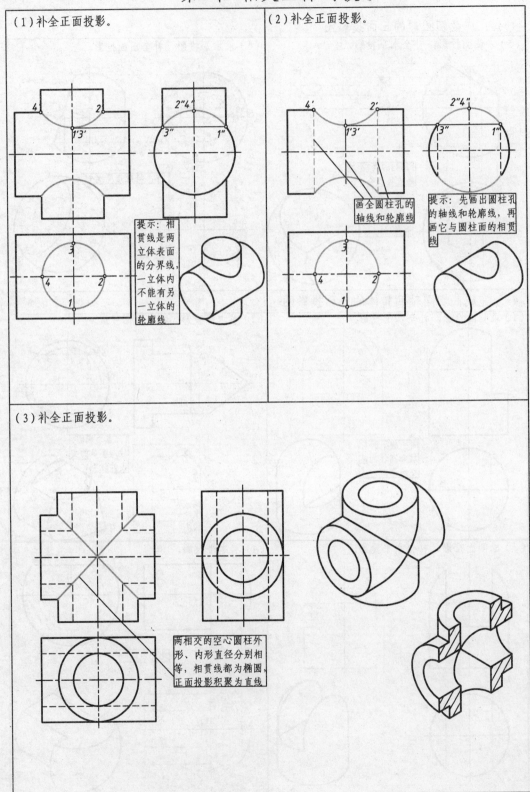

（1）补全正面投影。

提示：相贯线是两立体表面的分界线，一立体内不能有另一立体的轮廓线

（2）补全正面投影。

画全圆柱孔的轴线和轮廓线

提示：先画出圆柱孔的轴线和轮廓线，再画它与圆柱面的相贯线

（3）补全正面投影。

两相交的空心圆柱外形、内形直径分别相等，相贯线都为椭圆，正面投影积聚为直线

（4）求正面投影。

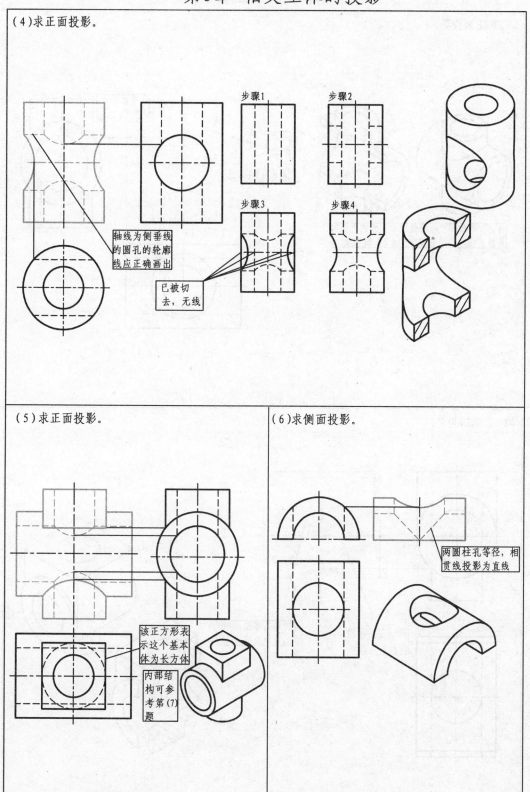

步骤1　步骤2

步骤3　步骤4

轴线为侧垂线
的圆孔的轮廓
线应正确画出

已被切
去，无线

（5）求正面投影。

该正方形表
示这个基本
体为长方体

内部结
构可参
考第(7)
题

（6）求侧面投影。

两圆柱孔等径，相
贯线投影为直线

第5章 相交立体的投影

（7）求正面投影。

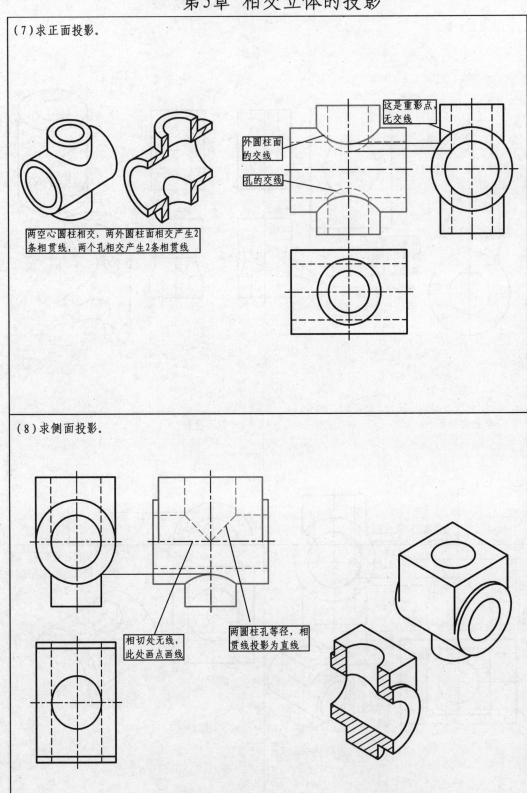

两空心圆柱相交，两外圆柱面相交产生2
条相贯线，两个孔相交产生2条相贯线

这是重影点，
无交线

外圆柱面
的交线

孔的交线

（8）求侧面投影。

相切处无线，
此处画点画线

两圆柱孔等径，相
贯线投影为直线

第5章 相交立体的投影

（9）求侧面投影。	步骤1：画轴线铅垂的空心圆柱的侧面投影。

（9）求侧面投影。

提示：
①此立体是一轴线为正垂线的圆柱孔与轴线为铅垂线的空心圆柱相贯；
②相贯线有两对，共4条。一对为正垂圆孔与铅垂外圆柱面的交线，另一对为正垂圆孔与铅垂圆孔的交线。

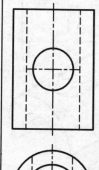
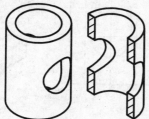

步骤1：画轴线铅垂的空心圆柱的侧面投影。

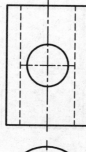
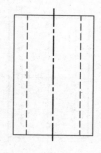
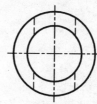

步骤2：画轴线正垂的圆柱孔在侧面投影中的轴线和转向轮廓线。	步骤3：画正垂的圆柱孔与铅垂空心圆柱的相贯线的侧面投影。

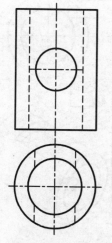
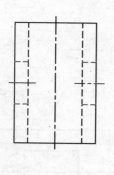
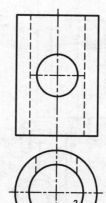
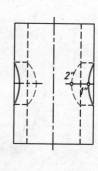

第5章 相交立体的投影

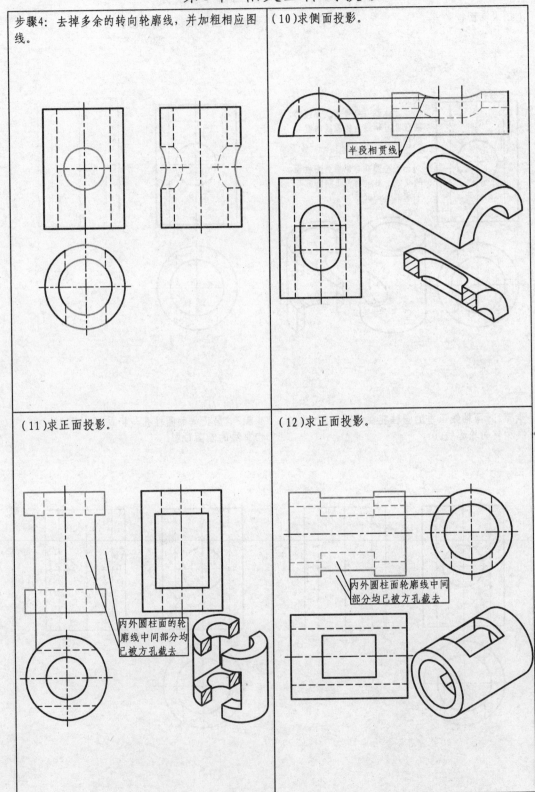

步骤4：去掉多余的转向轮廓线，并加粗相应图线。

(10)求侧面投影。

半段相贯线

(11)求正面投影。

内外圆柱面的轮廓线中间部分均已被方孔截去

(12)求正面投影。

内外圆柱面轮廓线中间部分均已被方孔截去

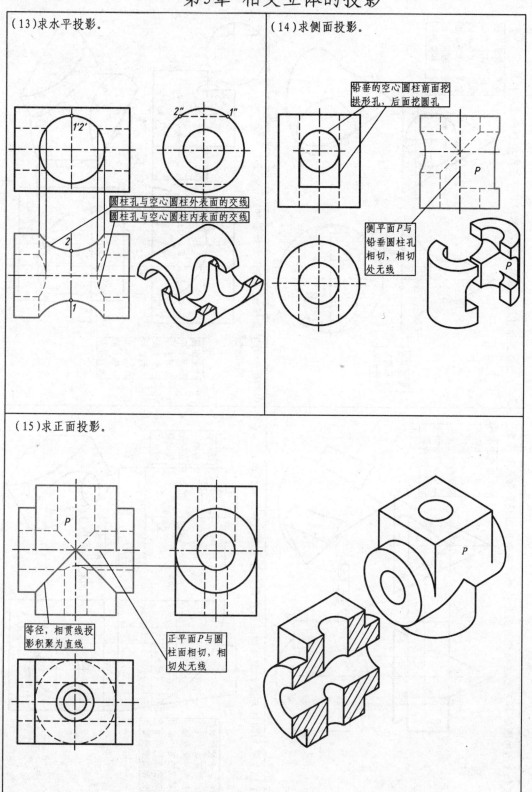

(13)求水平投影。

2″ 1″

1′2′

圆柱孔与空心圆柱外表面的交线
圆柱孔与空心圆柱内表面的交线

2

1

(14)求侧面投影。

铅垂的空心圆柱前面挖
拱形孔，后面挖圆孔

P

侧平面P与
铅垂圆柱孔
相切，相切
处无线

P

(15)求正面投影。

P

等径，相贯线投
影积聚为直线

正平面P与圆
柱面相切，相
切处无线

P

第5章 相交立体的投影

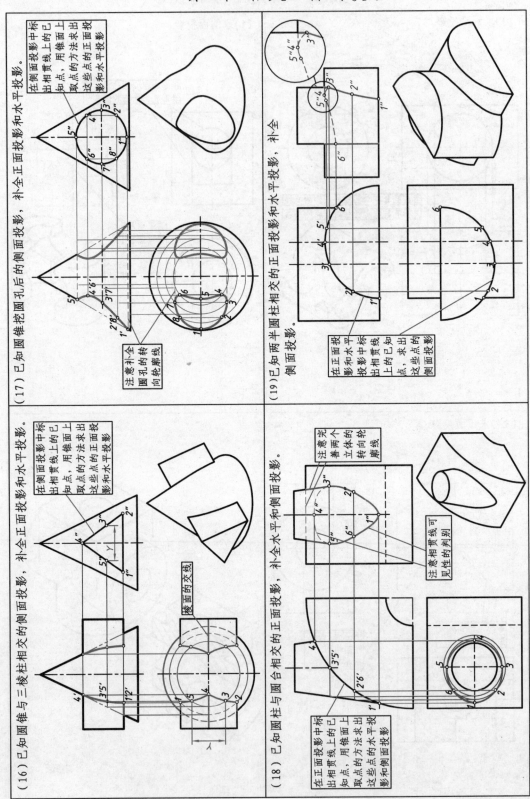

（16）已知圆锥与三棱柱相交的侧面投影，补全正面投影和水平投影。

棱面的交线

在侧面投影中标出相贯线上的已知点，用锥面上取点的方法求出这些点的正面投影和水平投影。

（17）已知圆锥挖圆孔后的侧面投影，补全正面投影和水平投影。

注意补全圆孔的转向轮廓线

在侧面投影中标出相贯线上的已知点，用锥面上取点的方法求出这些点的正面投影和水平投影。

（18）已知圆柱与圆台相交的正面投影，补全水平和侧面投影。

注意两个立体的转向轮廓线

注意相贯线可见性的判别

在正面投影中标出相贯线上的已知点，用锥面上取点的方法求出这些点的水平投影和侧面投影。

（19）已知两半圆柱相交的正面投影，补全水平投影和侧面投影。

在正面投影和水平投影中标出相贯线上的已知点，求出这些点的侧面投影。

28

第6章 组合体

6-1 根据立体图，选出与之正确相配的三视图，并将编号填入括号内。

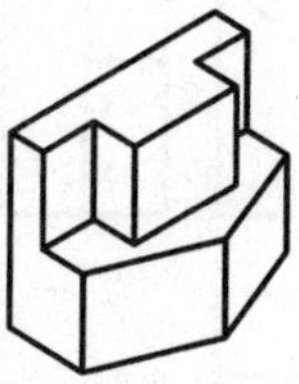

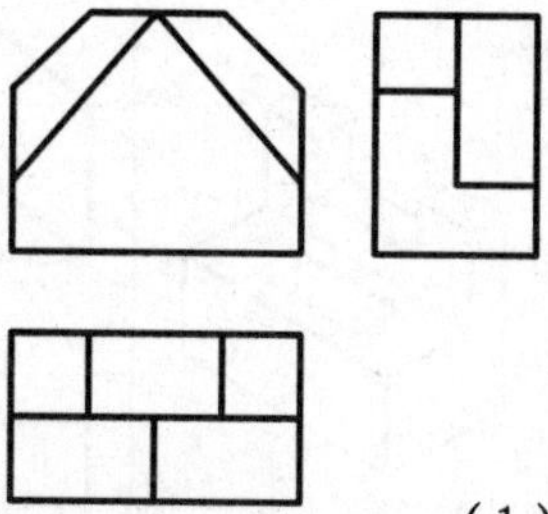

（　）　　　　　　　　　　　　　　（1）  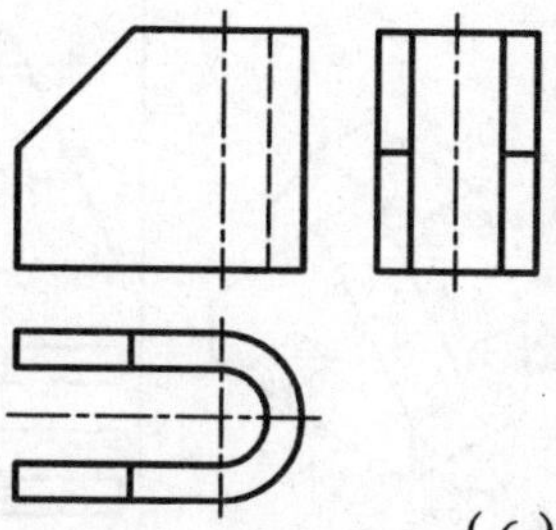　（　）　　　　　　　　　　　　　（6）

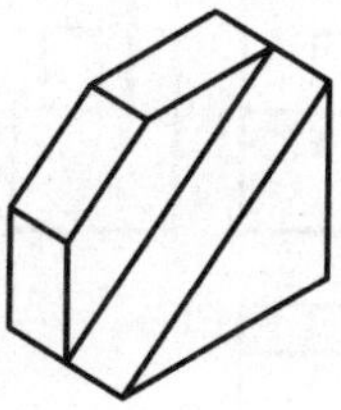

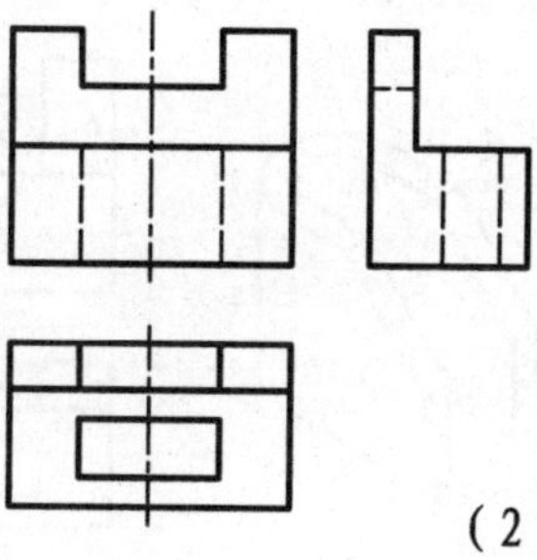

（　）　　　　　　　　　　　　　　（2）  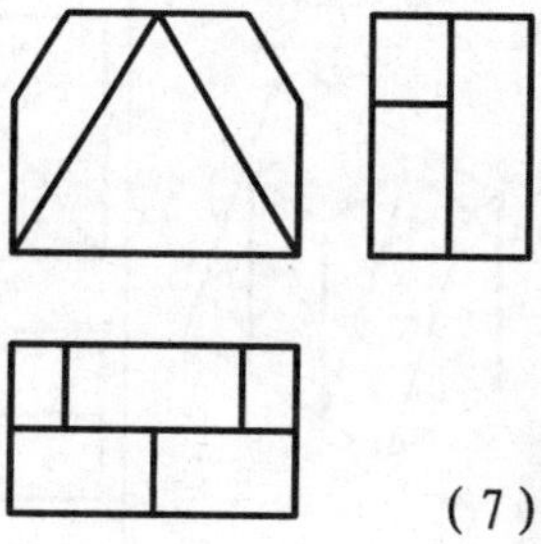　（　）　　　　　　　　　　　　　（7）

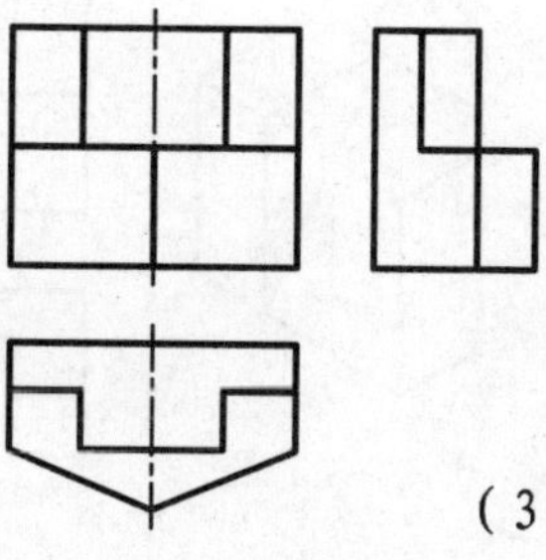

（　）　　　　　　　　　　　　　　（3） 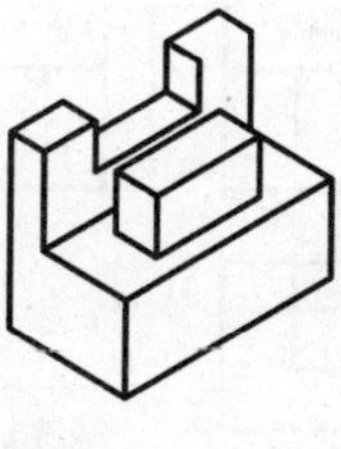 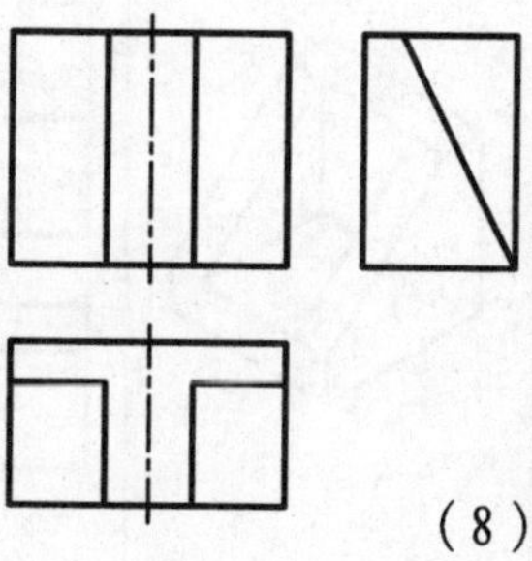　（　）　　　　　　　　　　　　　（8）

第6章 组合体

6-1 根据立体图，选出与之正确相配的三视图，并将编号填入括号内。

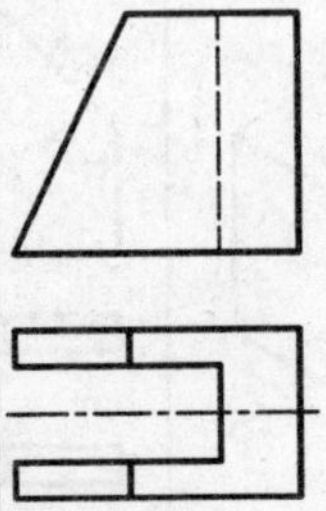

（　）　　　　　　　　　　　　（4）  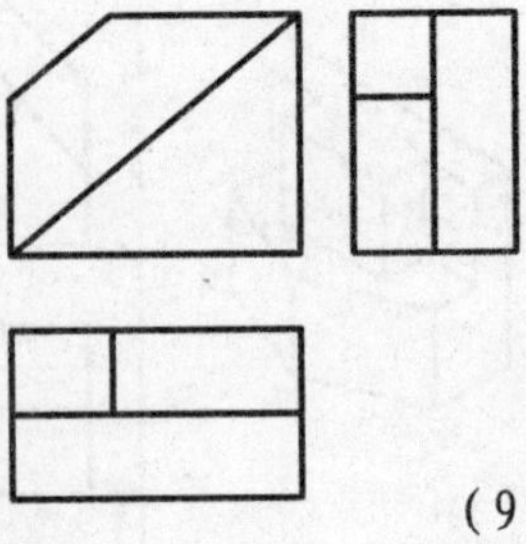　（　）　　　　　　　　　　　　（9）

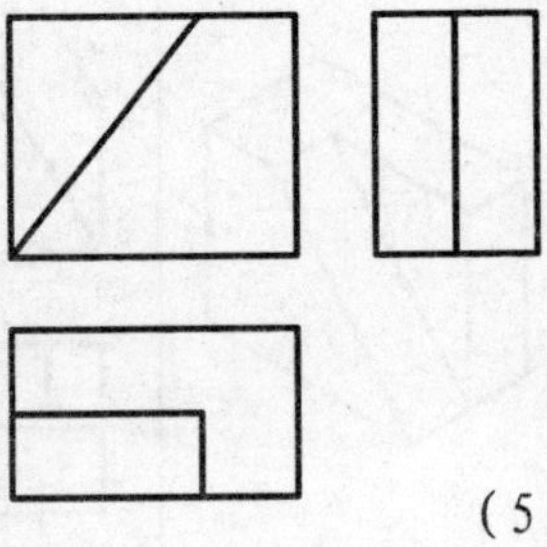

（　）　　　　　　　　　　　　（5） 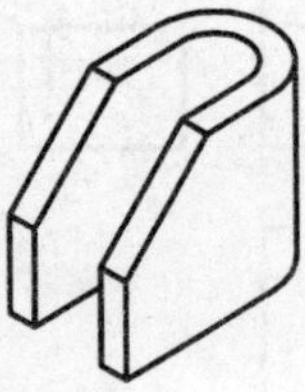 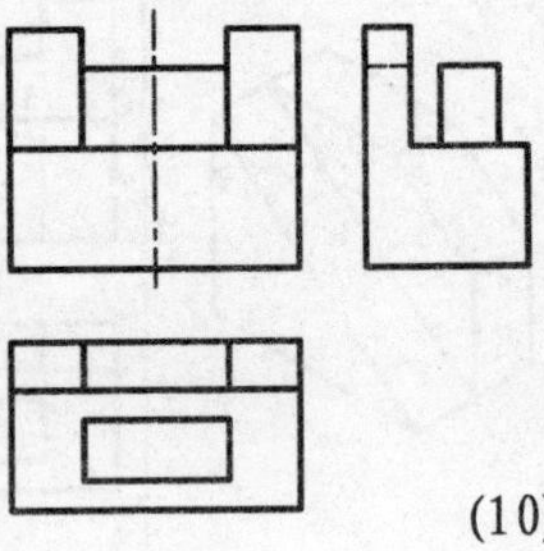　（　）　　　　　　　　　　　　（10）

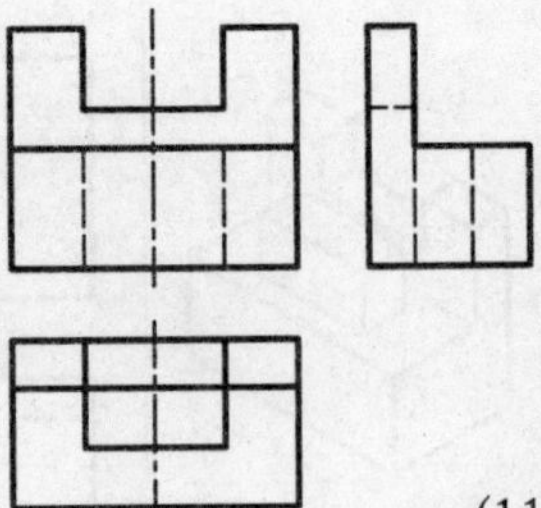

（　）　　　　　　　　　　　　（11） 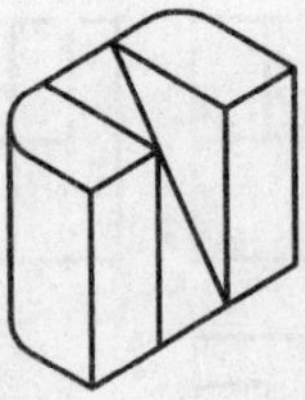 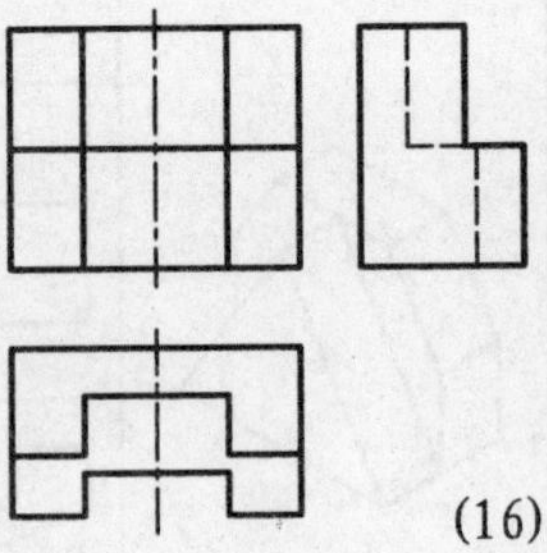　（　）　　　　　　　　　　　　（16）

第6章 组合体

6-1 根据立体图，选出与之正确相配的三视图，并将编号填入括号内。

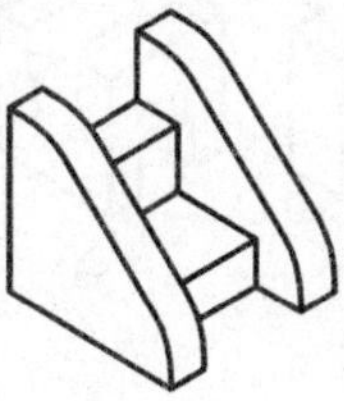 ( )	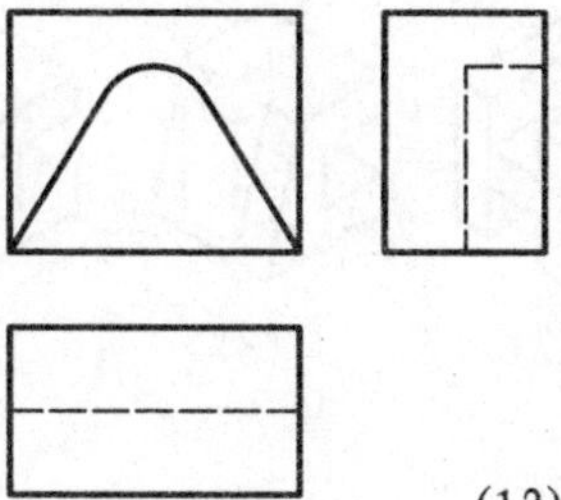 (12)	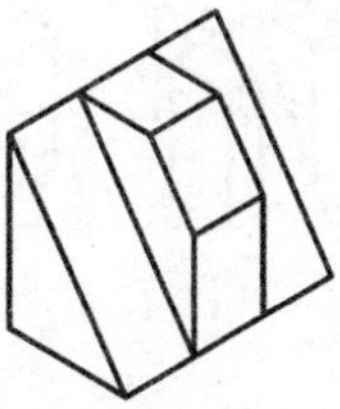 ( )	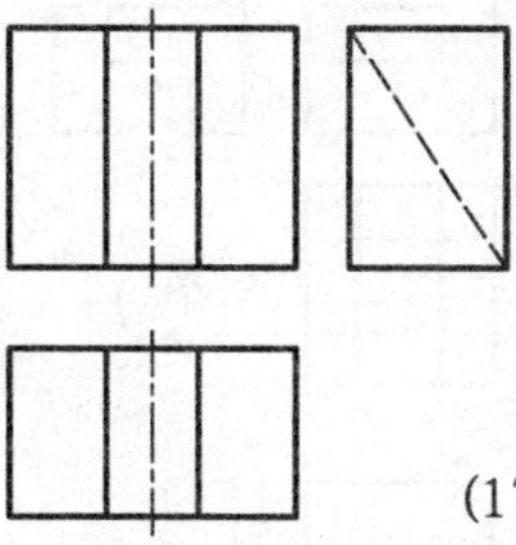 (17)
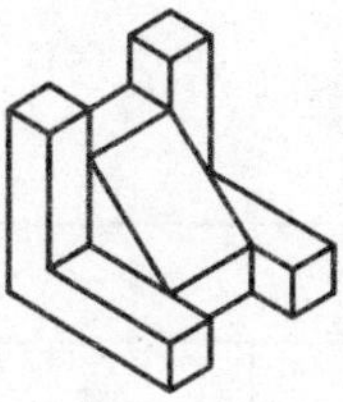 ( )	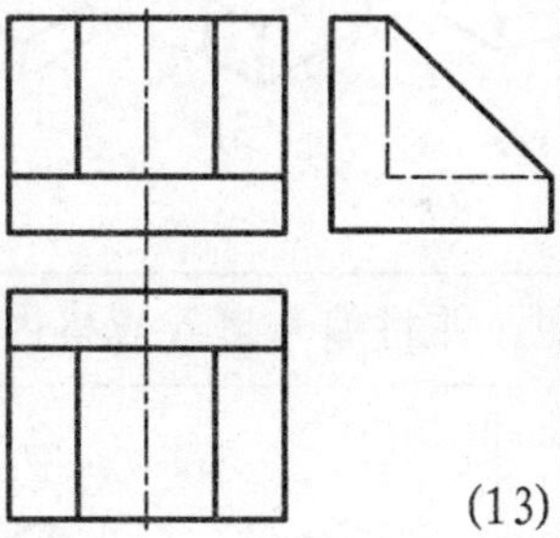 (13)	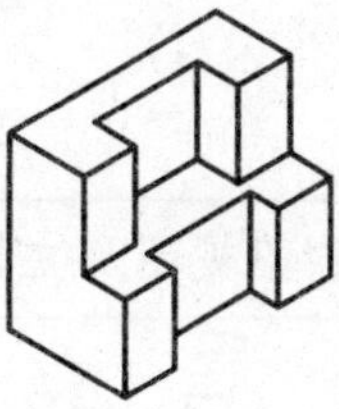 ( )	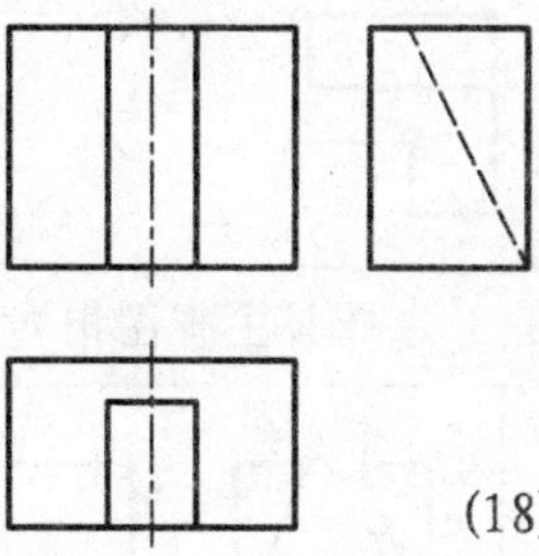 (18)
 ( )	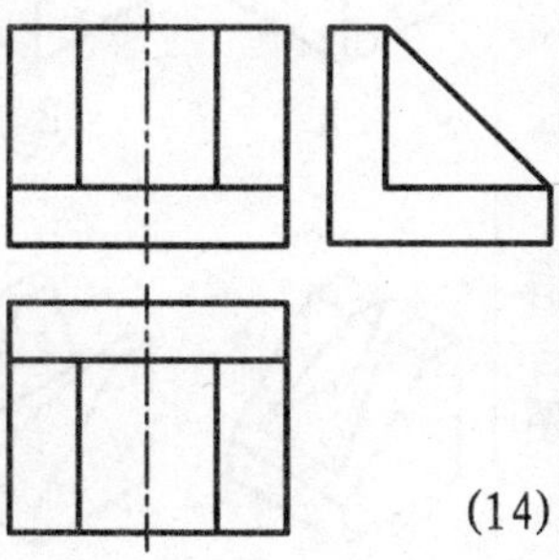 (14)	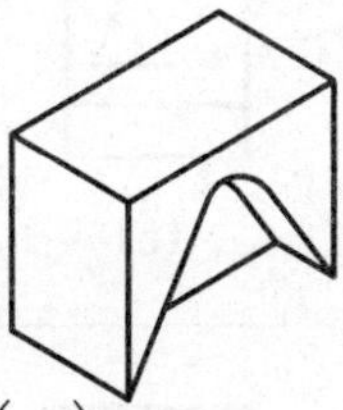 ( )	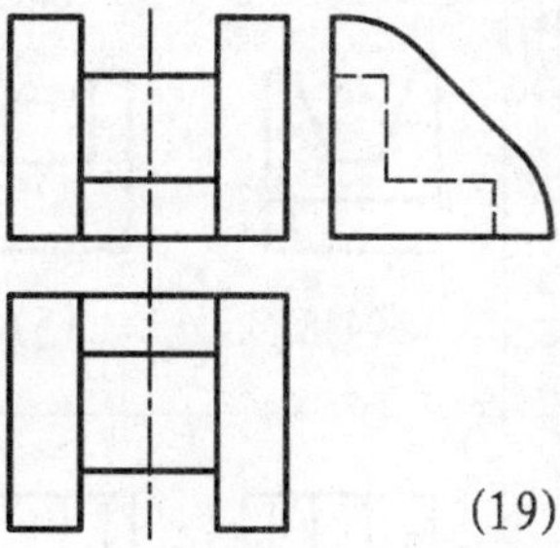 (19)
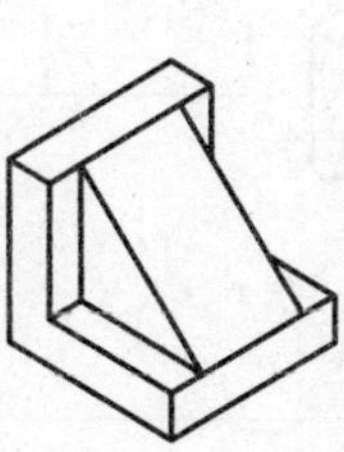 ( )	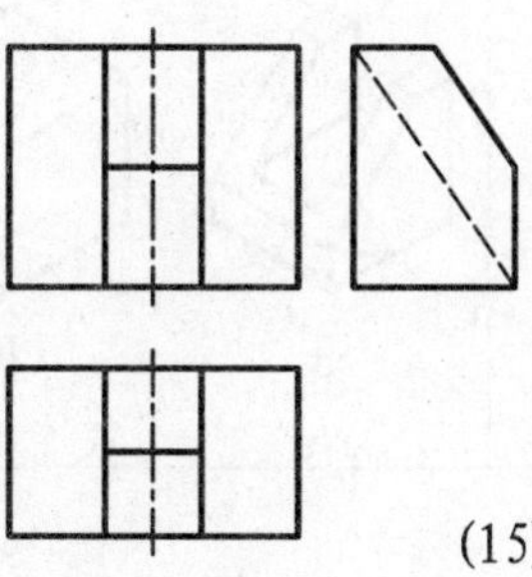 (15)	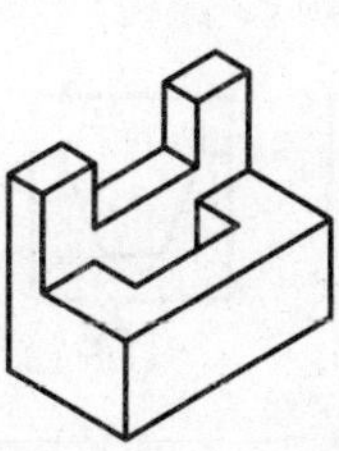 ( )	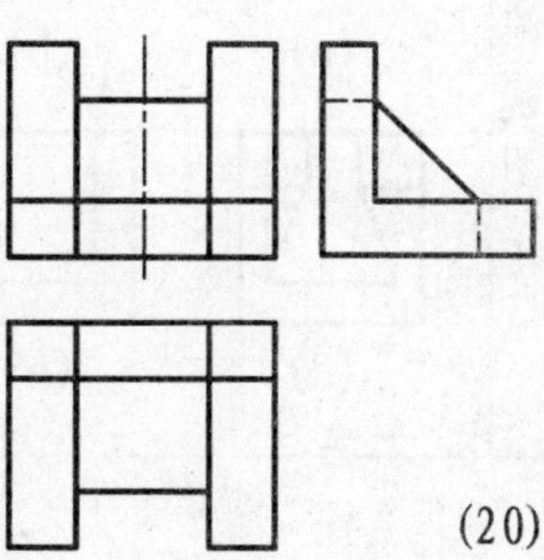 (20)

第6章 组合体

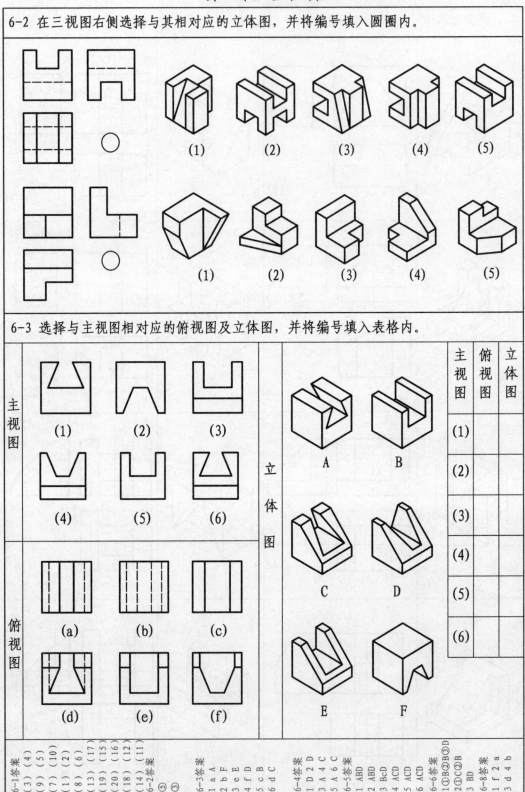

6-2 在三视图右侧选择与其相对应的立体图，并将编号填入圆圈内。

(1)　(2)　(3)　(4)　(5)

(1)　(2)　(3)　(4)　(5)

6-3 选择与主视图相对应的俯视图及立体图，并将编号填入表格内。

主视图

(1)　(2)　(3)

(4)　(5)　(6)

俯视图

(a)　(b)　(c)

(d)　(e)　(f)

立体图

A　B

C　D

E　F

主视图	俯视图	立体图
(1)		
(2)		
(3)		
(4)		
(5)		
(6)		

6-1答案
(3)　(4)
(9)　(5)
(7)　(10)
(1)　(2)
(8)　(6)
(13)　(17)
(19)　(15)
(20)　(16)
(18)　(12)
(14)　(11)
6-2答案
⑤
③

6-3答案
1 a A
2 b F
3 e E
4 f D
5 c B
6 d C

6-4答案
1 D 2 D
3 A 4 C
5 A 6 C
6-5答案
1 ABD
2 ABD
3 BcD
4 ACD
5 ACD
6 ACD
6-6答案
1①B②B③D
2②C②B
3 BD
6-8答案
1 f 2 a
3 d 4 b

32

6-4 选择正确的左视图, 并在正确的序号上打 "√"。

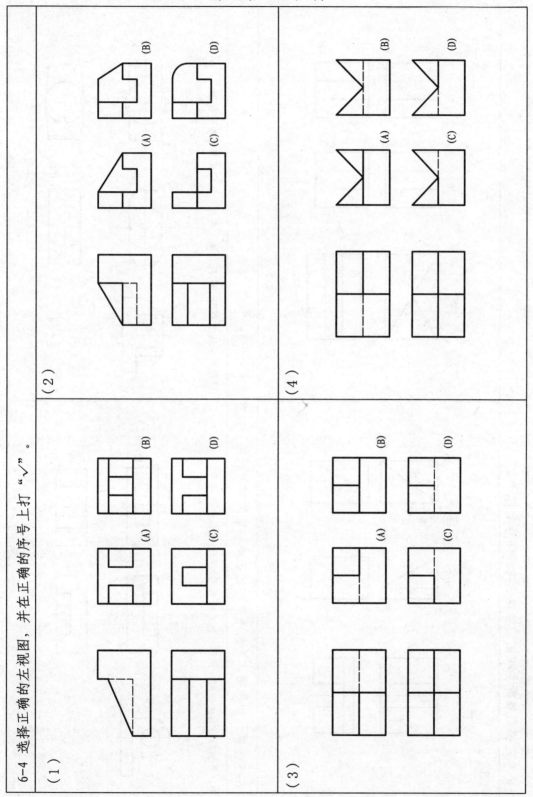

33

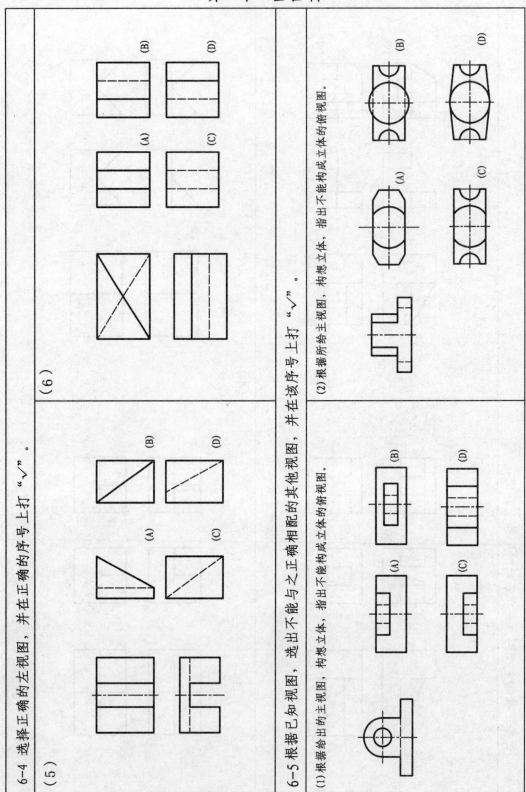

6-4 选择正确的左视图，并在正确的序号上打"√"。

（5）

（6）

6-5 根据已知视图，选出不能与之正确相配的其他视图。

(1) 根据给出的主视图，构想立体，指出不能构成立体的俯视图。

(2) 根据所给主视图，构想立体，指出不能构成立体的俯视图。

第6章 组合体

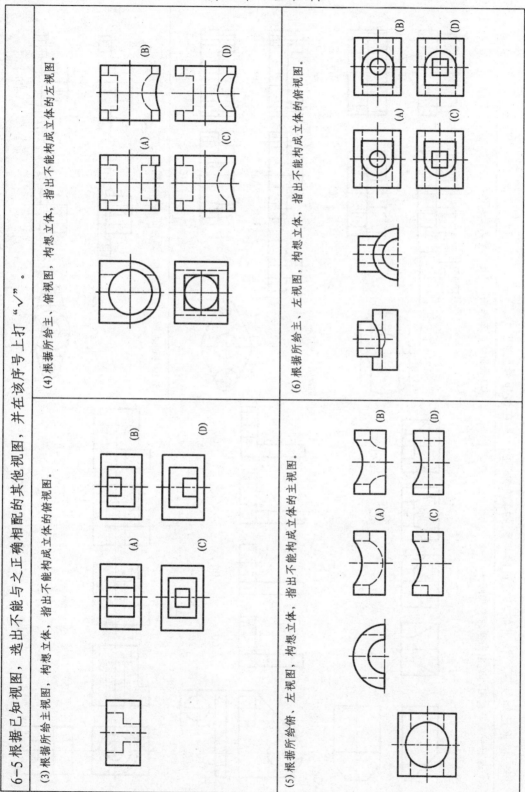

6-5 根据已知视图，选出不能与之正确相配的其他视图，并在该序号上打 "√"。

(3) 根据所给主视图，构思立体，指出不能构成立体的俯视图。

(4) 根据所给主、俯视图，构想立体，指出不能构成立体的左视图。

(5) 根据所给俯、左视图，构想立体，指出不能构成立体的主视图。

(6) 根据所给主、左视图，构想立体，指出不能构成立体的俯视图。

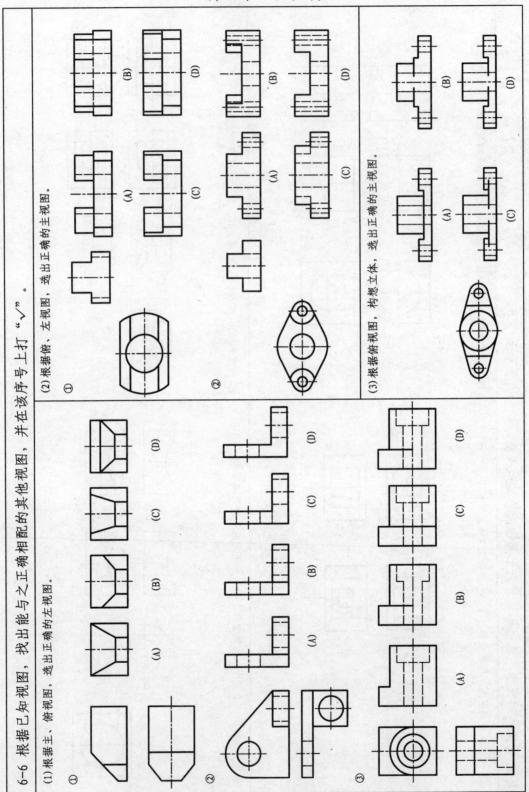

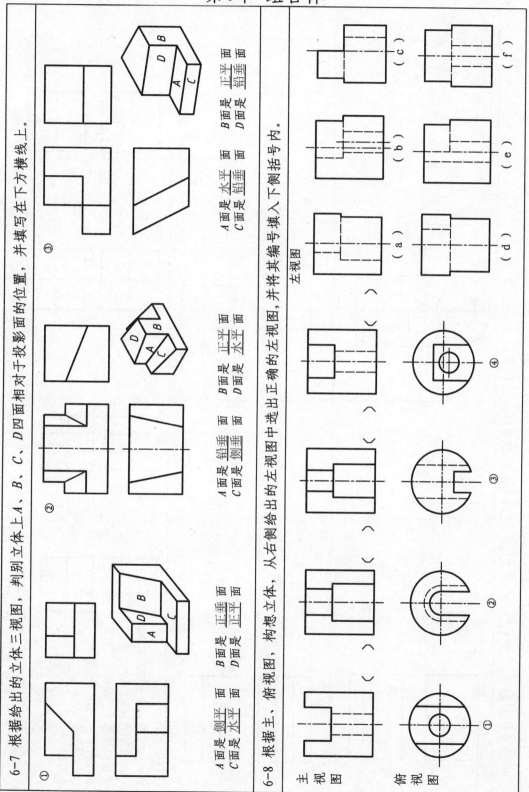

6-7 根据给出的立体三视图，判别立体上A、B、C、D四面相对于投影面的位置，并填写在下方横线上。

①
A面是 侧平 面　B面是 正垂 面
C面是 水平 面　D面是 正平 面

②
A面是 铅垂 面　B面是 正垂 面
C面是 侧垂 面　D面是 水平 面

③
A面是 水平 面　B面是 正平 面
C面是 铅垂 面　D面是 铅垂 面

6-8 根据主、俯视图，构想立体，从右侧给出的左视图中选出正确的左视图，并将其编号填入下侧括号内。

主视图　　　俯视图

①（　）　②（　）　③（　）　④（　）

（a）（b）（c）
（d）（e）（f）

左视图

37

第6章 组合体

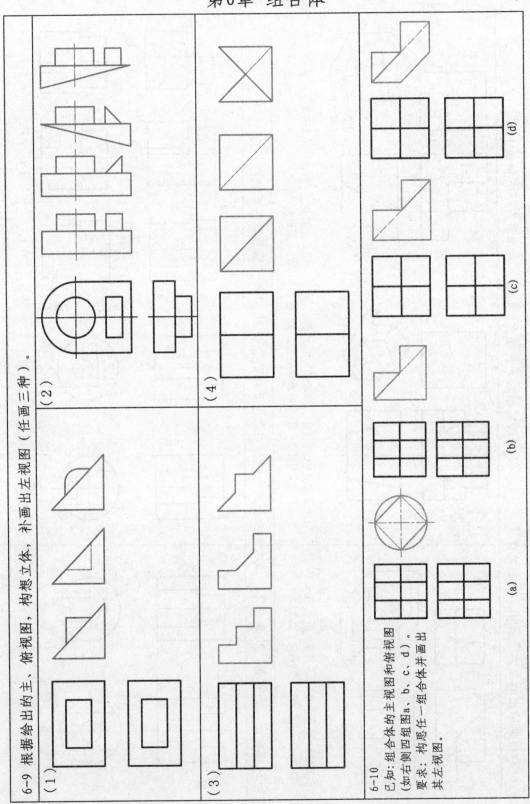

38

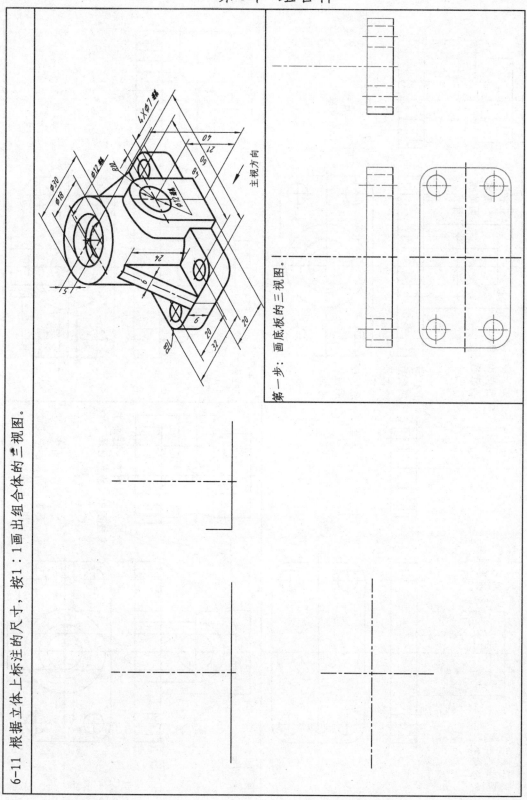

6-11 根据立体上标注的尺寸，按1：1画出组合体的三视图。

第一步：画底板的三视图。

主视方向

4×φ7锪孔

φ30
φ18
φ12孔
φ12孔

40
12
50
8
24
6
5
6
20
20
32
R8

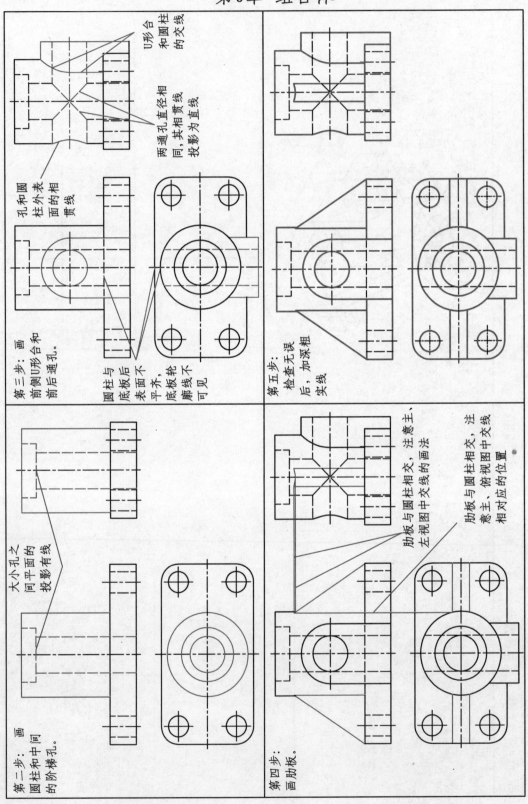

U形台和圆柱的交线

两通孔直径相同，其相贯线投影为直线

孔和圆柱外表面的相贯线

圆柱与底板后表面不平齐，底板轮廓线不可见

第三步：画前侧U形台和前后通孔。

第五步：检查无误后，加深粗实线

大小孔之间平面的投影有线

第二步：画圆柱和中间的阶梯孔。

肋板与圆柱相交，注意主、左视图中交线的画法

肋板与圆柱相交，注意主、俯视图中交线相对应的位置

第四步：画肋板。

40

6-12 根据立体图的形状，应用线面分析法画出三视图，要求三视图之间各部分尺寸保持三等关系。

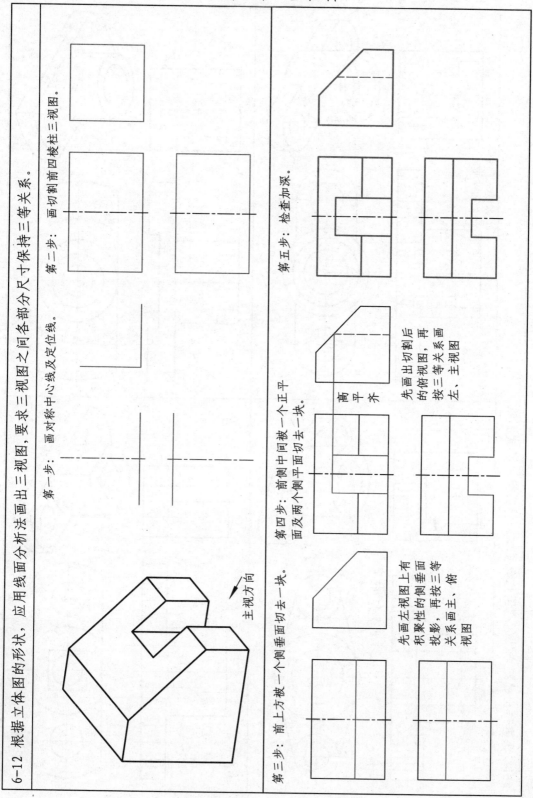

主视方向

第一步：画对称中心线及定位线。

第二步：画切割前四棱柱三视图。

第三步：前上方被一个侧垂面切去一块。

先画左视图上有积聚性的侧垂面投影，再按三等关系画主、俯视图

第四步：前侧中间被一个正平面及两个侧平面切去一块。

高平齐

先画出切割后的俯视图，再按三等关系画主视图

第五步：检查加深。

41

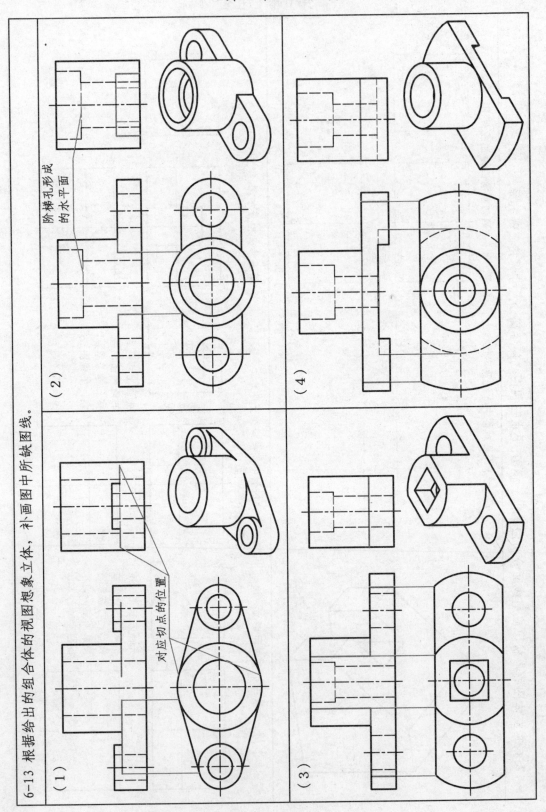

6-13 根据给出的组合体的视图想象立体，补画图中所缺图线。

（1）（2）（3）（4）

阶梯孔形成的水平面

对应切点的位置

42

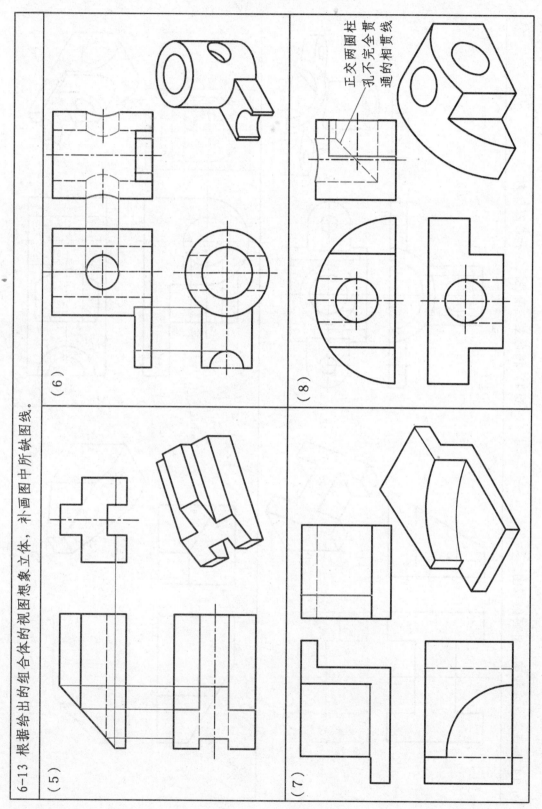

6-13 根据给出的组合体的视图想象立体，补画图中所缺图线。

（5）　（6）　（7）　（8）

正交两圆柱孔不完全贯通的相贯线

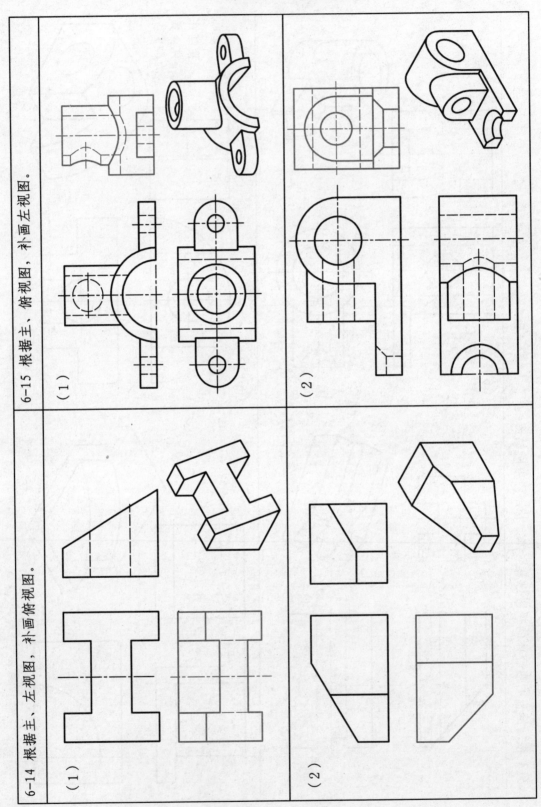

6-15 根据主、俯视图，补画左视图。

(1)

(2)

6-14 根据主、左视图，补画俯视图。

(1)

(2)

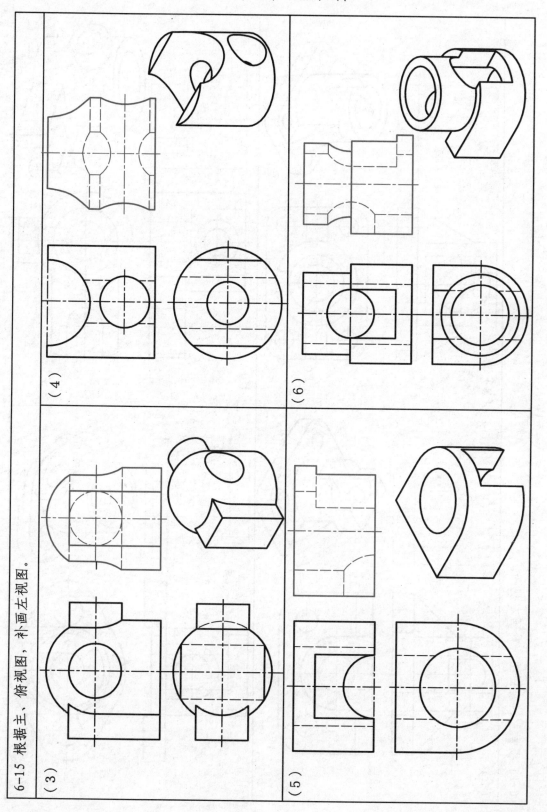

6-15 根据主、俯视图，补画左视图。

（3）

（4）

（5）

（6）

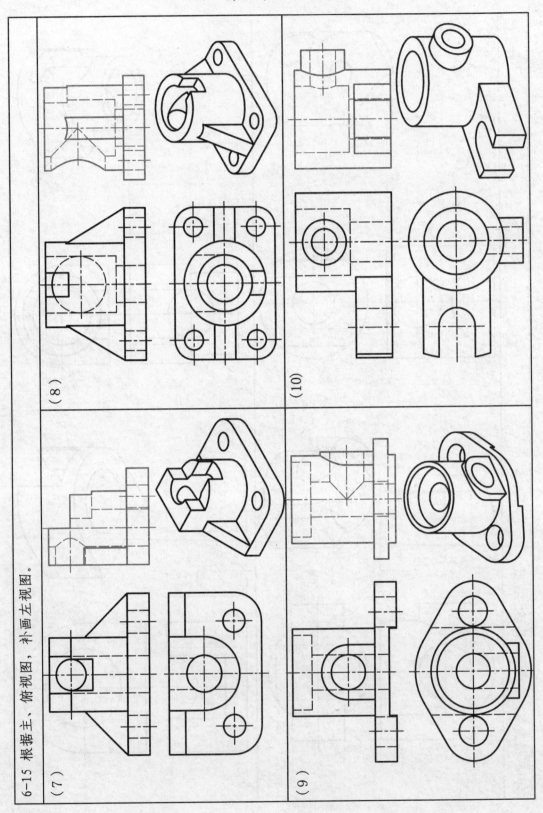

6-15 根据主、俯视图、补画左视图。

（7）　（8）

（9）　（10）

6-16 根据俯、左视图，补画主视图。

（1）

（2）

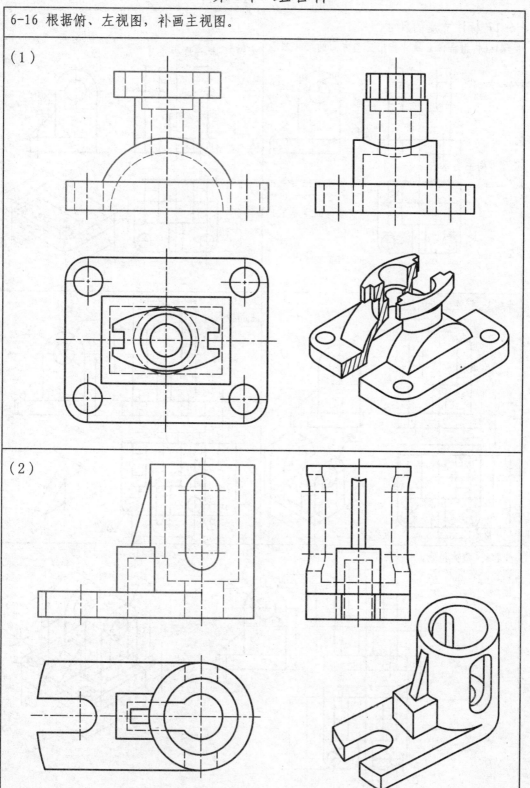

第6章 组合体

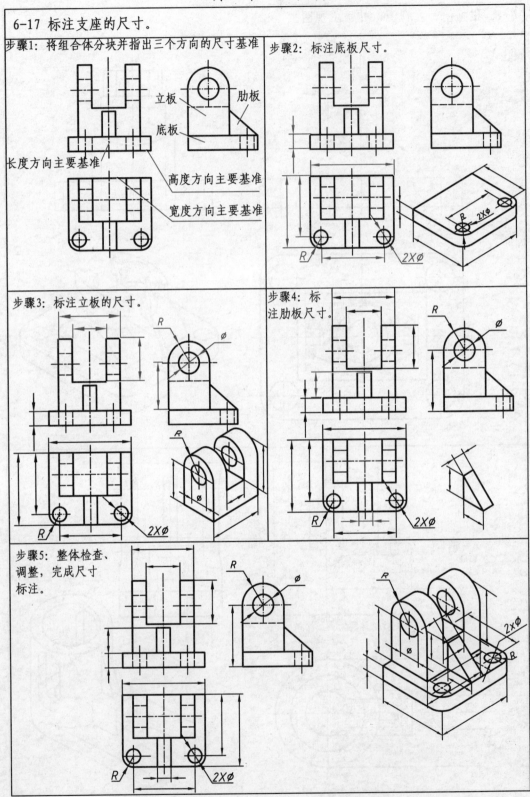

6-17 标注支座的尺寸。

步骤1: 将组合体分块并指出三个方向的尺寸基准

立板　肋板　底板

长度方向主要基准

高度方向主要基准

宽度方向主要基准

步骤2: 标注底板尺寸。

步骤3: 标注立板的尺寸。

步骤4: 标注肋板尺寸。

步骤5: 整体检查、调整，完成尺寸标注。

第6章 组合体

6-18 标注组合体的尺寸。

（1）

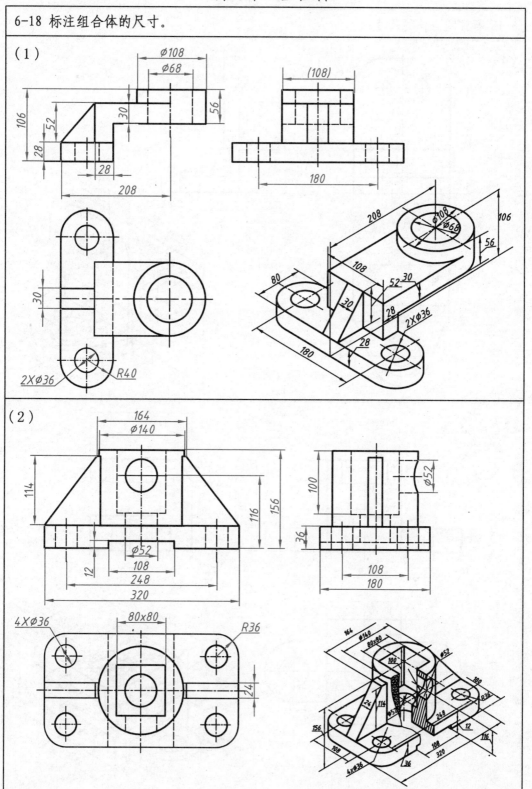

（2）

第6章 组合体

6-18 标注组合体的尺寸。

（3）

（4）

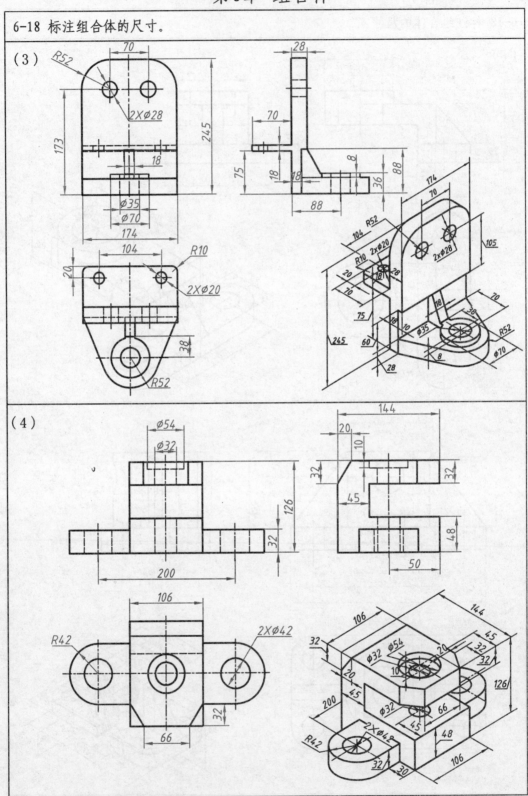

50

第6章 组合体

6-19 根据两视图求作第三视图，并标注组合体的尺寸（尺寸数值从图中量取整数）。

第一步: 求作左视图。

第二步: 标注尺寸。

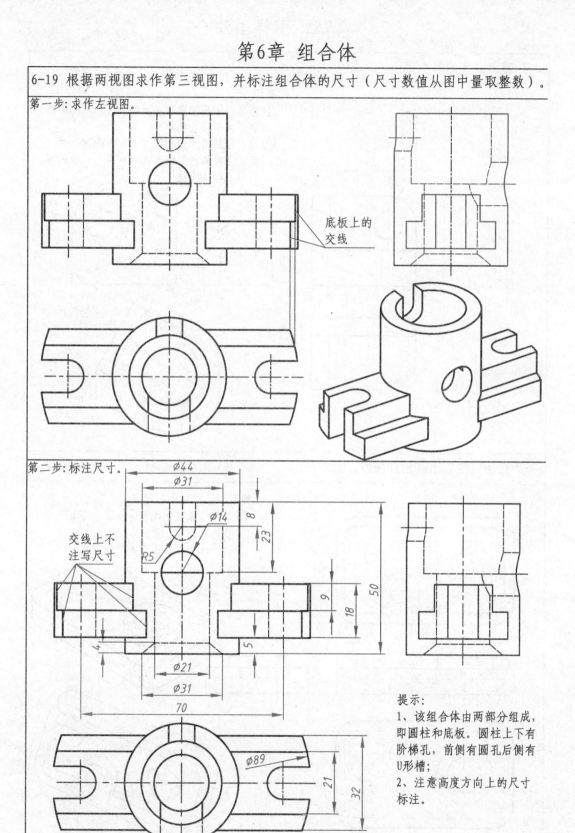

底板上的
交线

交线上不
注写尺寸

Ø44
Ø31
Ø14
8
23
R5
9
18
50
4
Ø21
5
Ø31
70
Ø89
21
32

提示:
1、该组合体由两部分组成，
即圆柱和底板。圆柱上下有
阶梯孔，前侧有圆孔后侧有
U形槽;
2、注意高度方向上的尺寸
标注。

第7章 图样画法

7-1 画出立体的基本视图。

提示：
① 基本视图的配置位置要按六个基本投影面展开摊平位置摆放；
② 注意区别俯、仰视图，左、右视图，主、后视图投影方向的变化以及由此引起的投影可见性的变化。

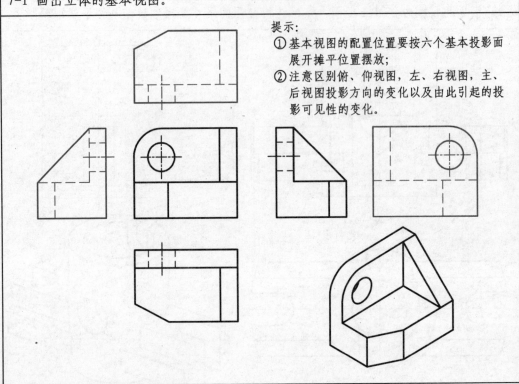

7-2 在指定位置上画出仰视图。

提示：
① 上部凸台在仰视图中投影不可见；
② 孔的位置发生变化；
③ 轮廓线在仰视图中的投影可见。

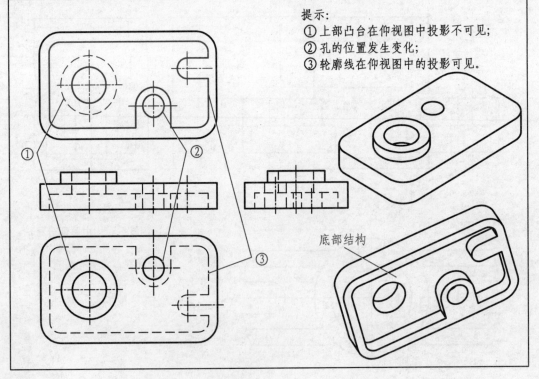

底部结构

52

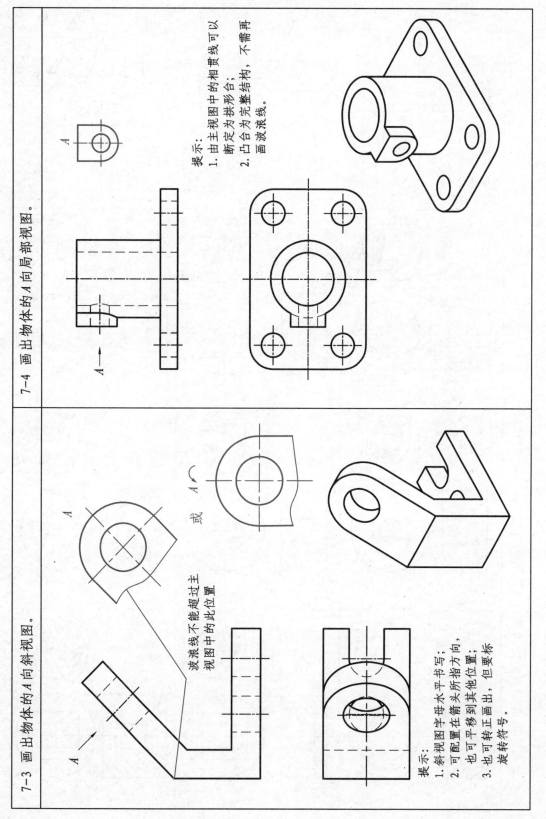

7-4 画出物体的 A 向局部视图。

提示:
1. 由主视图中的相贯线可以断定为拱形台;
2. 凸台为完整结构, 不需再画波浪线。

7-3 画出物体的 A 向斜视图。

波浪线不能超过主视图中的此位置

提示:
1. 斜视图字母水平书写;
2. 可配置在箭头所指方向, 也可平移到其他位置;
3. 也可转正画出, 但要标旋转符号。

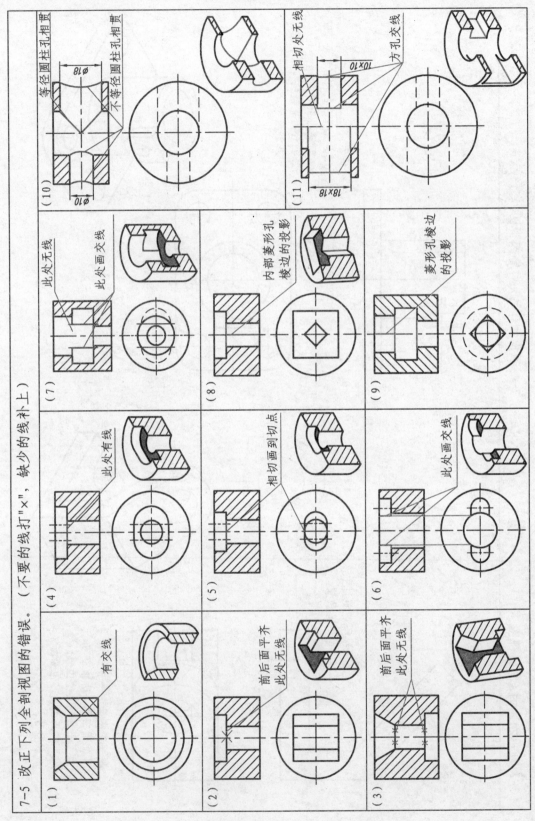

7-5 改正下列全剖视图的错误。（不要的线打"×"，缺少的线补上）

（1）有交线

（2）前后面平齐 此处无线

（3）前后面平齐 此处无线

（4）此处打"×" 此处有线

（5）相切画到切点

（6）此处画交线

（7）此处无线 此处画交线

（8）内部菱形孔棱边的投影

（9）菱形孔棱边的投影

（10）等径圆柱孔相贯 不等径圆柱孔相贯 φ18 φ10

（11）相切处无线 方孔交线 10×10 18×18

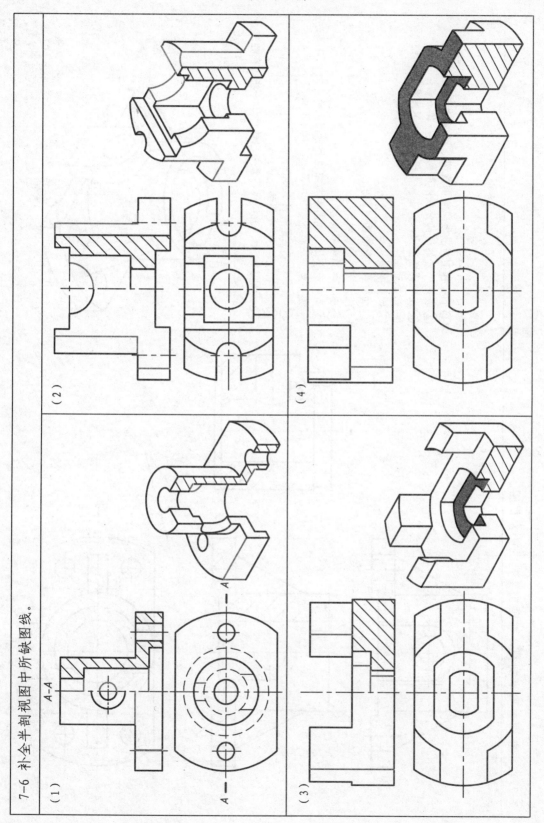

7-6 补全全半剖视图中所缺图线。

(1)

(2)

(3)

(4)

A—A

A

A

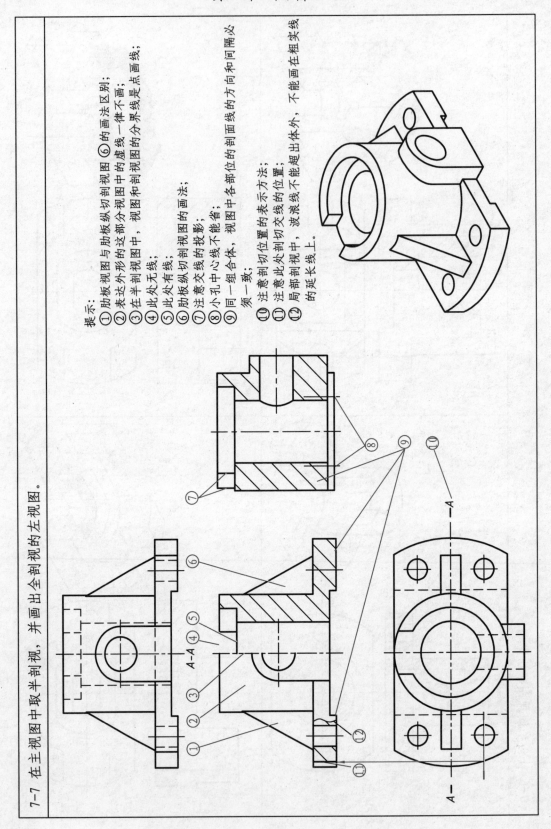

7–7 在主视图中取半剖视, 并画出全剖视的左视图。

提示:
① 肋板视图与肋板纵剖视图 ⑥ 的画法区别;
② 表达外形部分这部分视图中的虚线一律不画;
③ 在半剖视图中, 视图和剖视图的分界线是点画线;
④ 此处无线;
⑤ 此处有线;
⑥ 肋板纵剖视图的画法;
⑦ 注意交线的投影;
⑧ 小孔中心线不可省;
⑨ 同一组合体, 视图中各部位的剖面线的方向和间隔必须一致;
⑩ 注意剖切位置的表示方法;
⑪ 注意此处剖切交线的位置;
⑫ 局部剖视中, 波浪线不能超出体外, 不能画在粗实线的延长线上。

第7章 图样画法

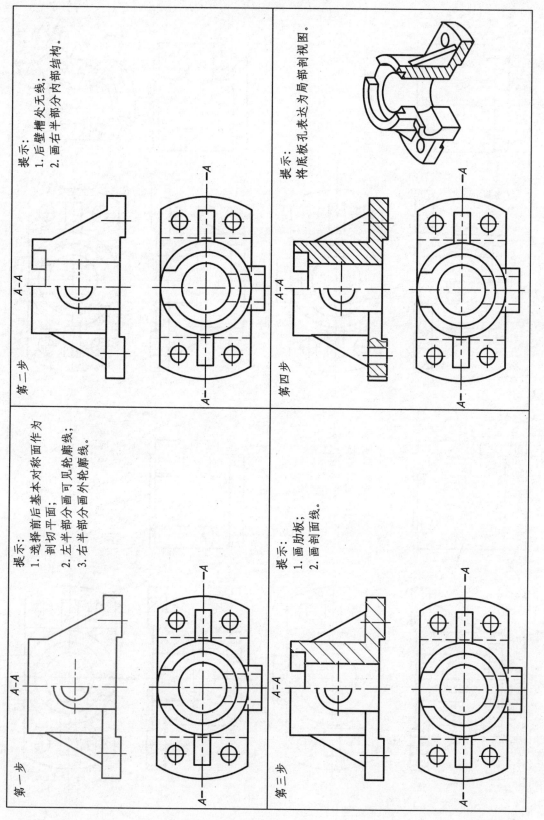

第一步

提示：
1. 选择前后基本对称面作为剖切平面；
2. 左半部分画可见轮廓线；
3. 右半部分画外轮廓线。

第二步

提示：
1. 后壁槽处无线；
2. 画右半部分内部结构。

第三步

提示：
1. 画肋板；
2. 画剖面线。

第四步

提示：
将底板孔表达为局部剖视图。

第7章 图样画法

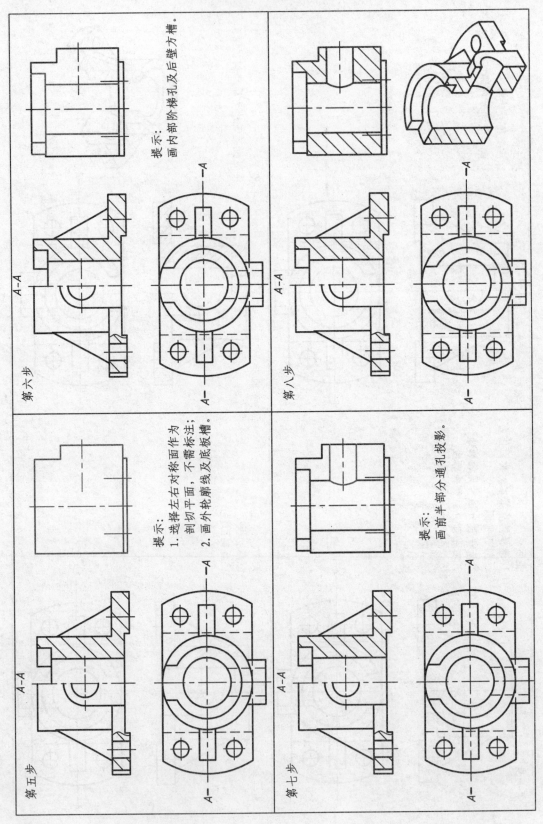

第五步

A—A

提示:
1. 选择左右对称面作为剖切平面，不需标注；
2. 画外轮廓线及底板槽。

第六步

A—A

提示:
画内部阶梯孔及后壁方槽。

第七步

A—A

提示:
画前半部分通孔投影。

第八步

A—A

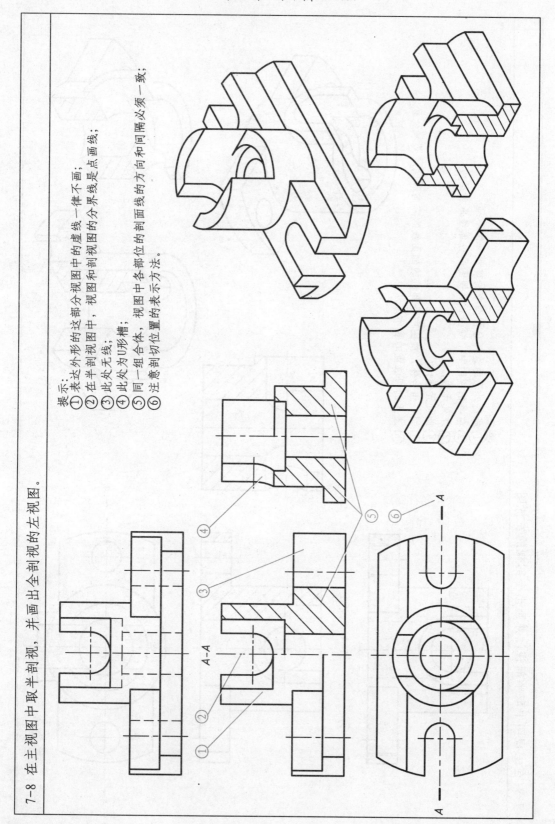

7-8 在主视图中取半剖视，并画出全剖视的左视图。

提示：
① 表达外形的这部分视图中的虚线一律不画；
② 在半剖视图中，视图和剖视图的分界线是点画线；
③ 此处无线；
④ 此处为U形槽；
⑤ 同一组合体，视图中各部位的剖面线的方向和间隔必须一致；
⑥ 注意剖切位置、视图中各部位置的表示方法。

A—A

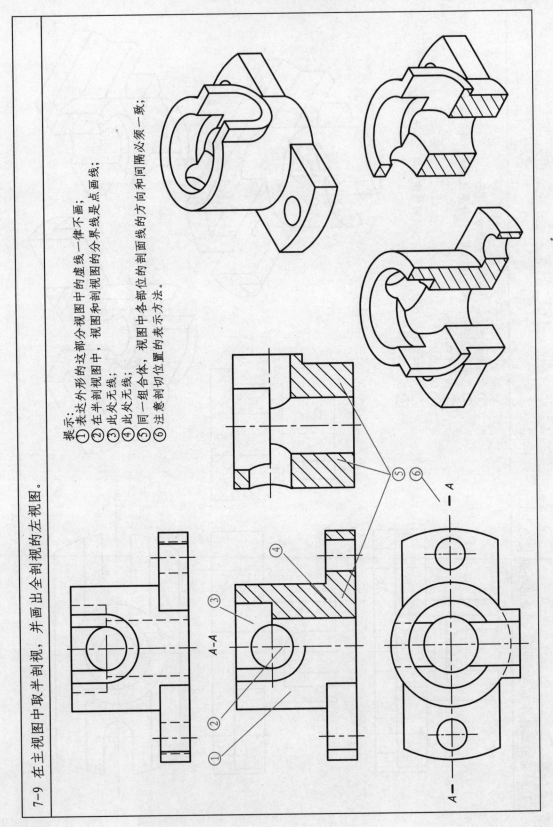

7-9 在主视图中取半剖视，并画画出全剖视的左视图。

提示：
①表达外形的这部分视图中的虚线一律不画；
②在半剖视图和视图的分界线是点画线；
③此处无线；
④此处无线；
⑤同一组合体，视图中各部位的剖面线的方向和间隔必须一致；
⑥注意剖切位置的表示方法。

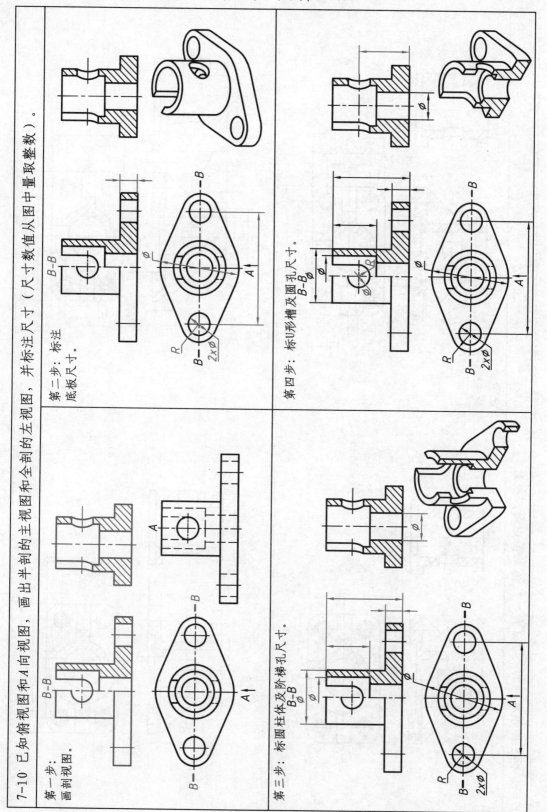

7-10 已知俯视图和A向视图，画出半剖的主视图和全剖的左视图，并标注尺寸（尺寸数值从图中量取取整数）。

第一步：
画剖视图。

第二步：标注
底板尺寸。

第三步：标圆柱体及阶梯孔尺寸。

第四步：标U形槽及圆孔尺寸。

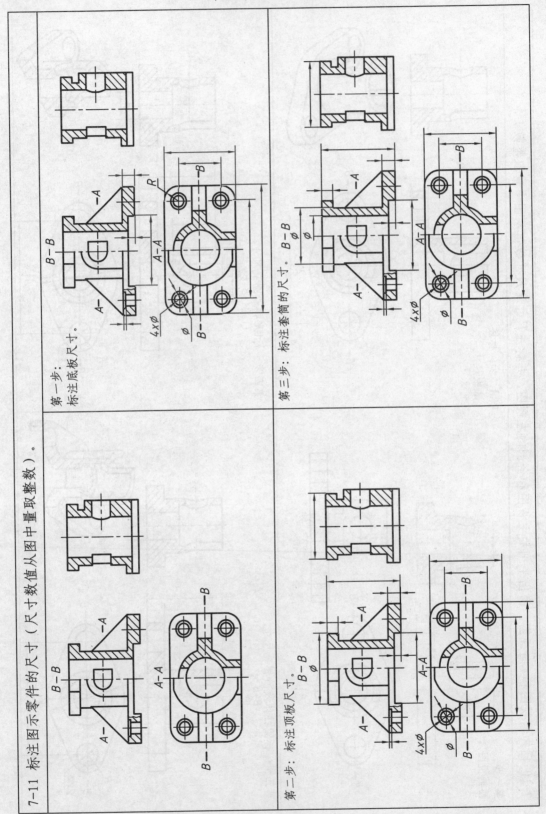

7-11 标注图示零件的尺寸（尺寸数值从图中量取整数）。

第一步：标注底板尺寸。

第二步：标注顶板尺寸。

第三步：标注套筒的尺寸。

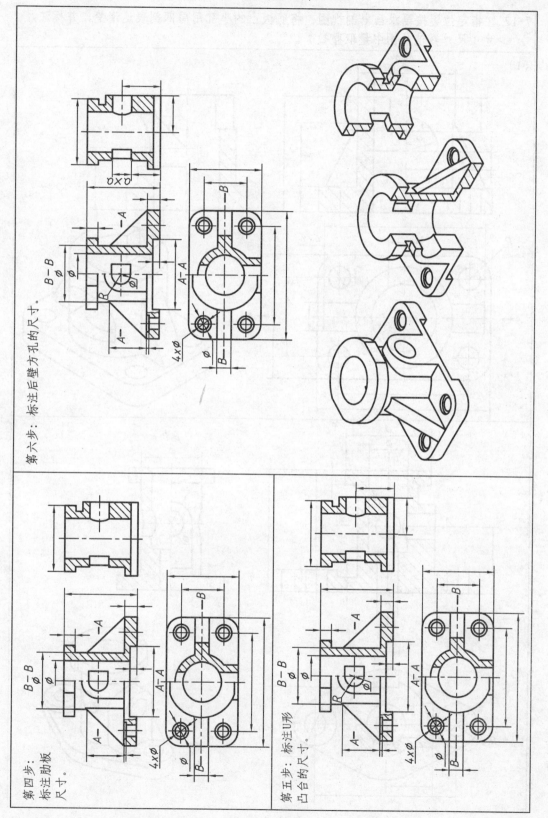

第六步：标注后壁方孔的尺寸。

第四步：
标注肋板
尺寸。

第五步：标注U形
凸台的尺寸。

第7章 图样画法

7-12 在指定位置按要求画出剖视图，将底板上的小孔用局部剖表达清楚，并标注尺寸（尺寸数值从图中量取整数）。

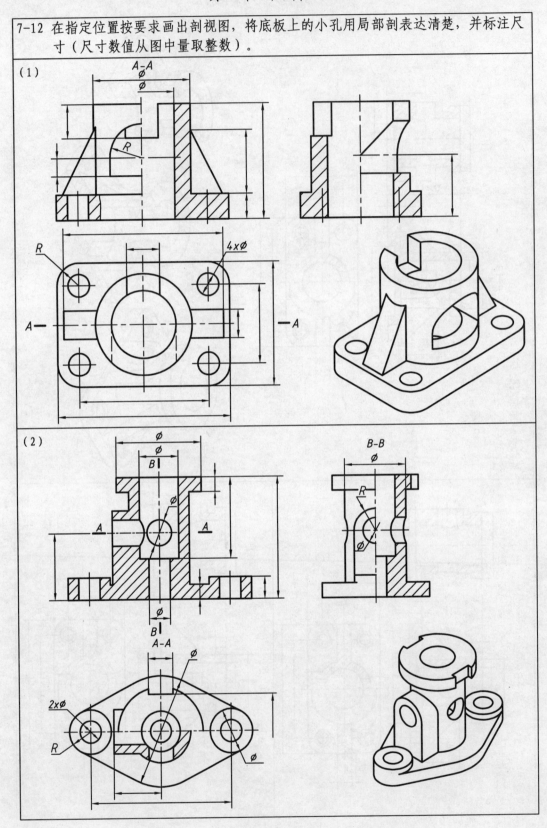

（1）

（2）

7-13 在指定位置上按照给定的剖切位置，画出相应的全剖视图。

(1)

提示：
A-A 选择与倾斜部分平行的剖切平面。

(2)

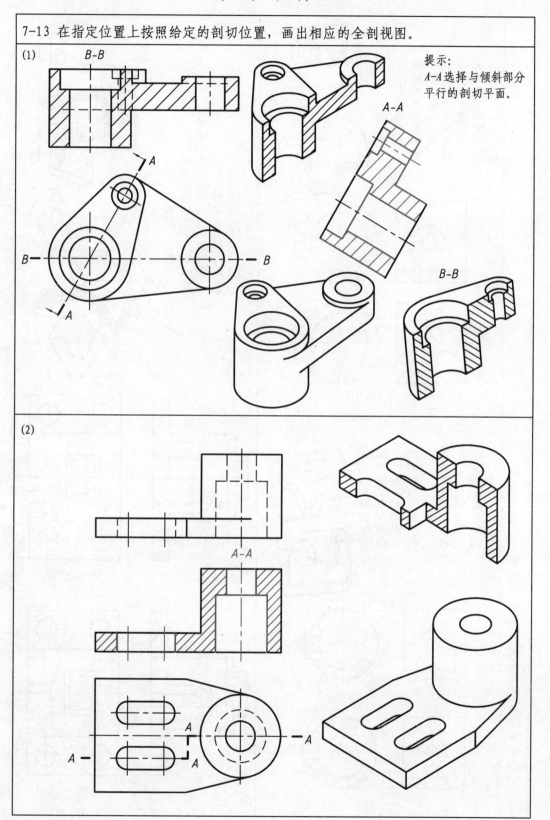

7-14 分析局部剖视图的错误，画出正确的局部剖视图。

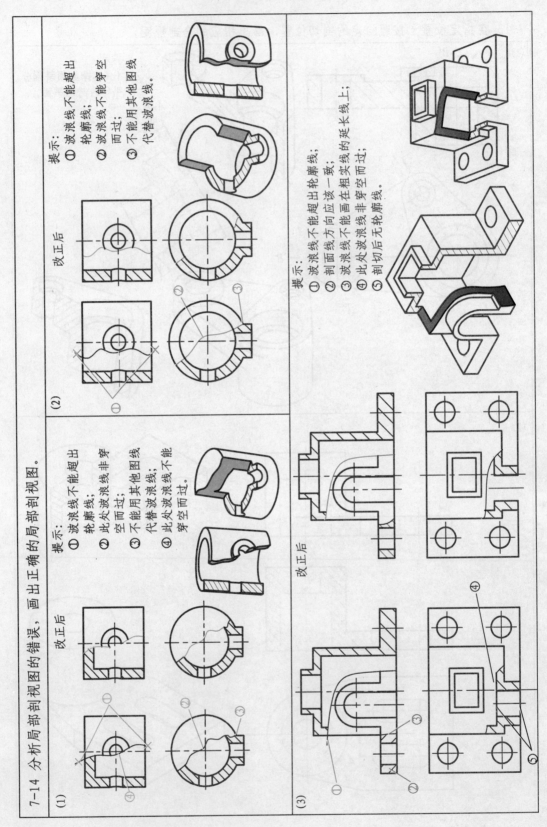

（1）

改正后

提示：①波浪线不能超出轮廓线；
②此处波浪线非穿空而过；
③不能用其他图线代替波浪线；
④此处波浪线不能穿空而过。

（2）

改正后

提示：①波浪线不能超出轮廓线；
②波浪线不能穿空而过；
③不能用其他图线代替波浪线。

（3）

改正后

提示：①波浪线不能超出轮廓线；
②剖面线方向应该一致；
③波浪线不能在粗实线的延长线上；
④此处波浪线非穿空而过；
⑤剖切后无轮廓线。

第7章 图样画法

7-15 根据轴测图，按照指定的剖切位置，完成局部剖视图。

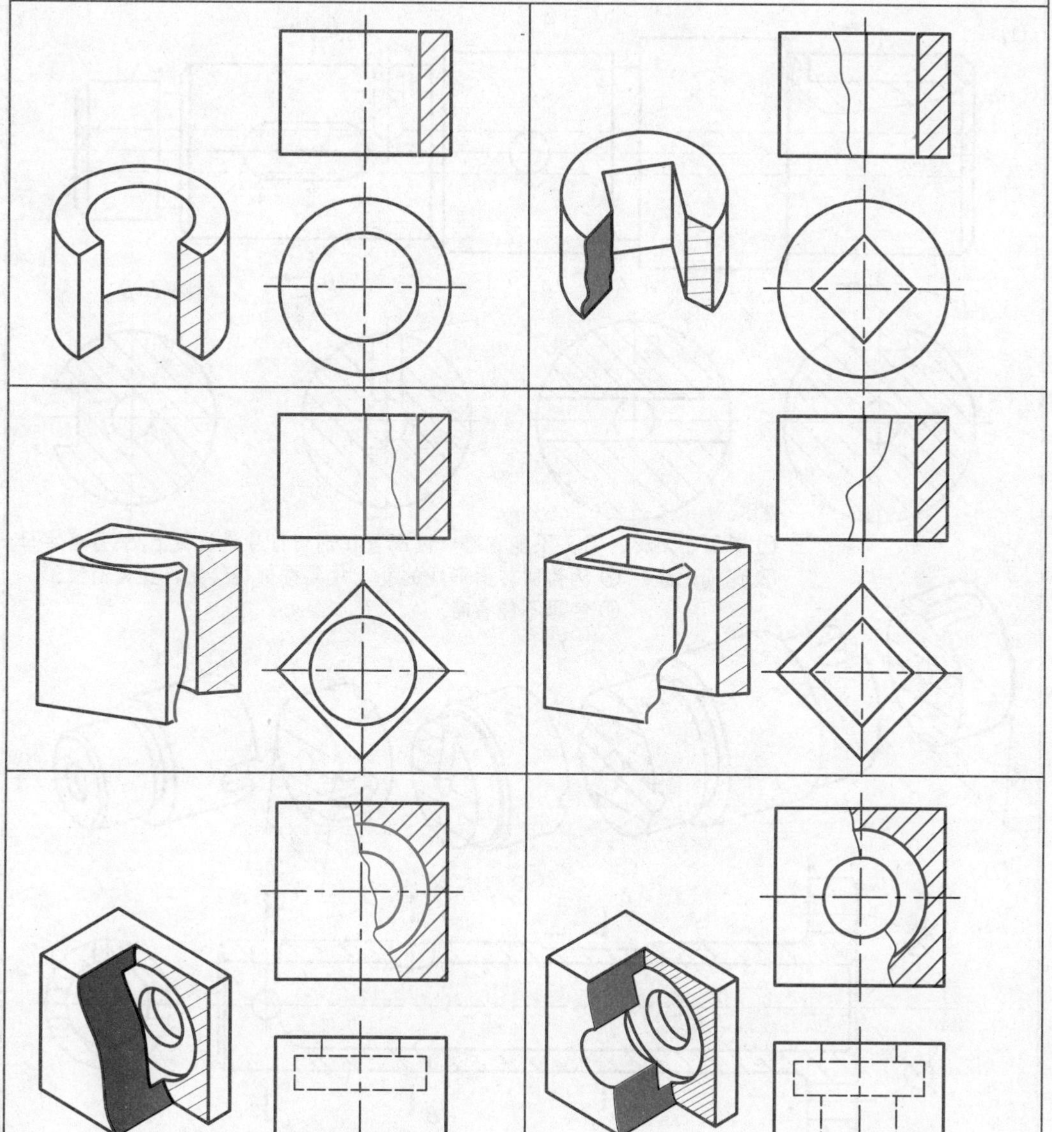

第7章 图样画法

7-16 画出指定位置的移出断面图。

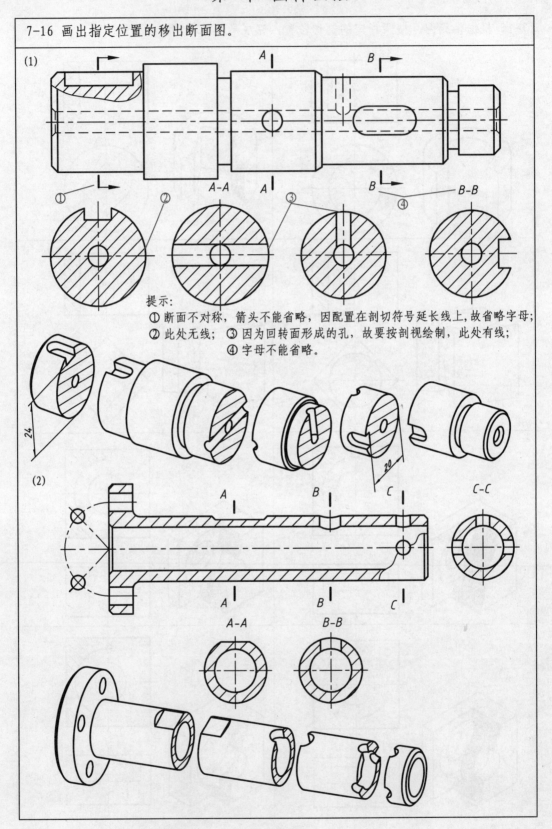

(1)

A   B

A—A   A   B   B—B

①   ②   ③   ④

提示:
① 断面不对称,箭头不能省略,因配置在剖切符号延长线上,故省略字母;
② 此处无线; ③ 因为回转面形成的孔,故要按剖视绘制,此处有线;
④ 字母不能省略。

24

20

(2)

A   B   C   C—C

A   B   C

A—A   B—B

68

第7章 图样画法

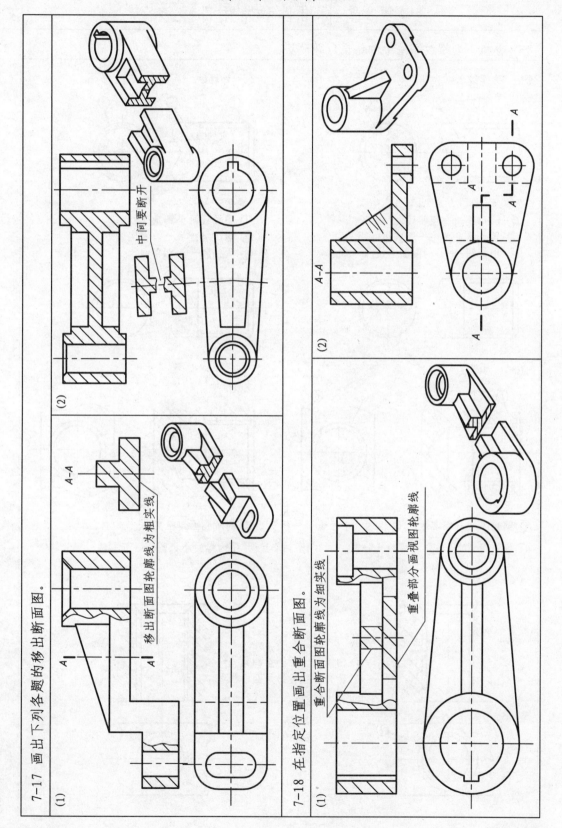

7-17 画出下列各题的移出断面图。

(1)

移出断面图轮廓线为粗实线

(2)

中间要断开

7-18 在指定位置画出重合断面图。

(1)

重合断面图轮廓线为细实线

重叠部分画视图轮廓线

(2)

A—A

A—A

第8章 标准件和常用件

8-1 分析下列螺纹画法中的错误，并改正。

（1）外螺纹

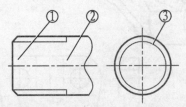

提示：
① 倒角线——粗实线；
② 螺纹终止线——粗实线；
③ 小径圆——3/4圈细实线。

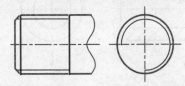

（2）外螺纹

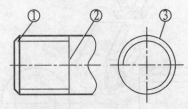

提示：
① 小径线画至倒角处；
② 螺纹终止线——粗实线；
③ 大径圆——粗实线。

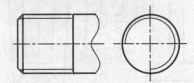

（3）内螺纹

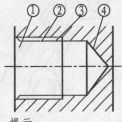 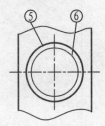 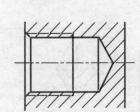 

提示：
①倒角线——粗实线；　②内螺纹小径线——粗实线；　③剖面线画到粗实线；

④锥顶角120°；　⑤ 内螺纹大径圆——3/4圈细实线；　⑥内螺纹小径圆——粗实线。

（4）内螺纹

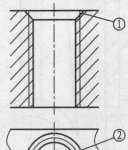

提示：
① 内螺纹大径画至倒角处；
② 倒角圆在投影是圆的视
　图中不画。

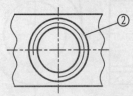

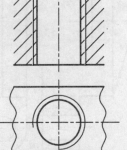

70

第8章 标准件和常用件

8-1 分析下列螺纹画法中的错误，并改正。

（5）内、外螺纹旋合

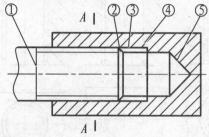 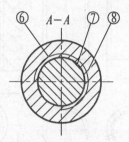

提示：

① 螺纹终止线——粗实线；

② 小径线画到螺杆端部；

③ 内螺纹大径线——细实线；

④ 剖面线画到粗实线处；

⑤ 锥顶角120°；

⑥ 旋合部分断面按外螺纹画，
大径圆——粗实线；

⑦ 小径圆——3/4细实线圆；

⑧ 剖面线画到粗实线处。

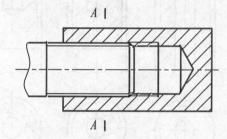 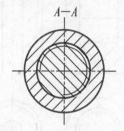

（6）内、外螺纹旋合

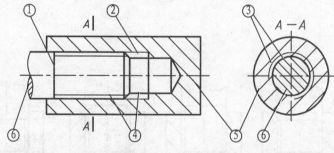

提示：

① 螺杆上螺纹要足够长；　② 剖面线画至粗实线处；　③ 旋合部分按照外螺纹画；

④ 内、外螺纹的小径线应对齐；⑤ 同一零件的剖面线方向、间隔一致；⑥ 螺杆剖面线应一致。

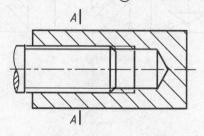 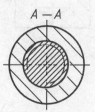

8-2 在图中用小圆圈圈出下列螺纹画法中错误之处。

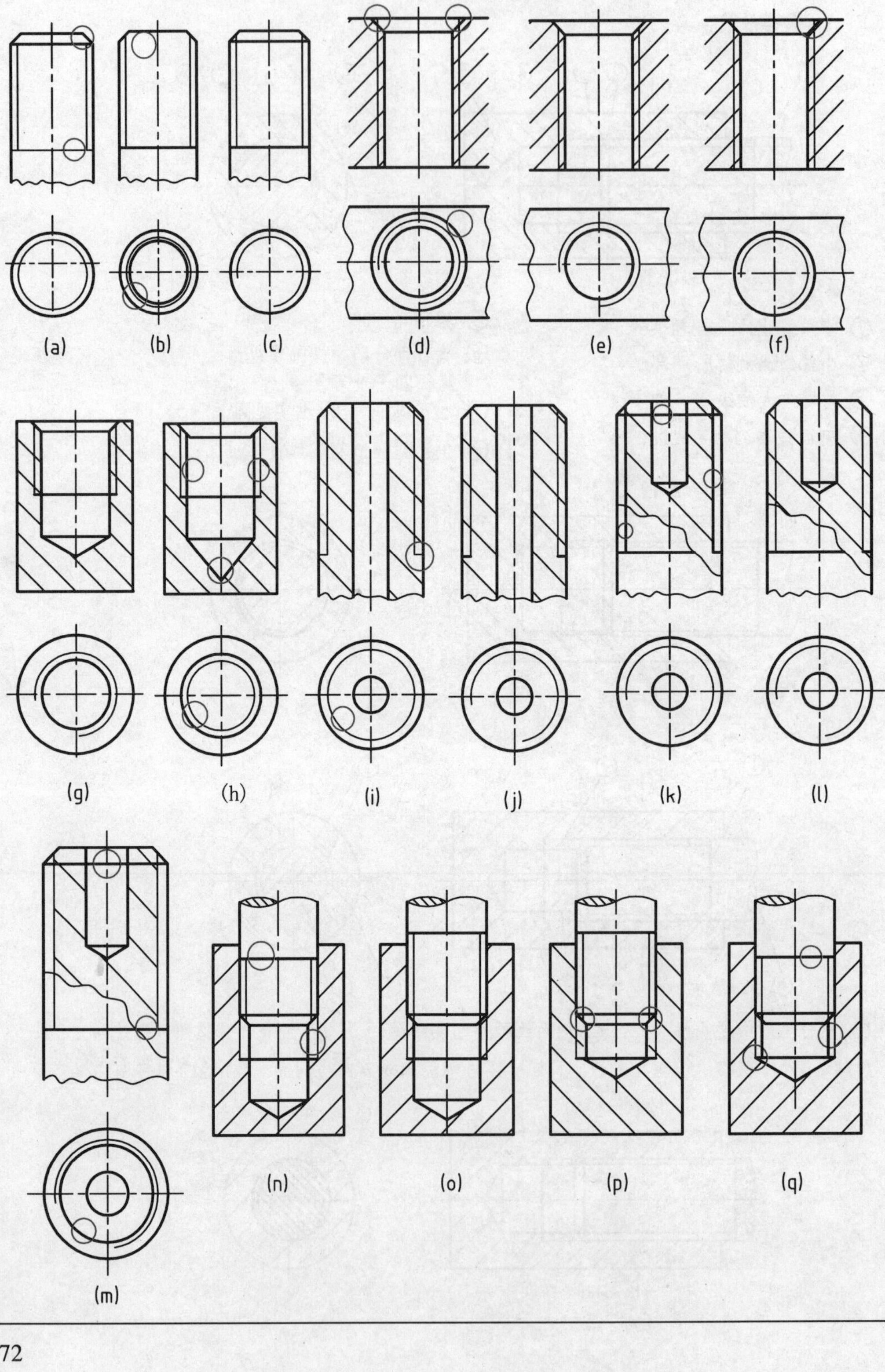

第8章 标准件和常用件

8-3 根据给定的螺纹要素，标注螺纹的尺寸。

（1）普通螺纹：公称直径20 mm，螺距2.5 mm，公差带代5g6g，中等旋合长度，右旋，螺纹长度25 mm，倒角C2。

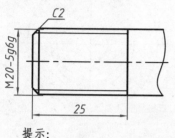

提示：

查教材后面的附表，确定图中给定螺纹是粗牙螺纹还是细牙螺纹；

第(2)题的螺纹长度标到退刀槽结束处，而不标到螺纹结束处。

（2）普通螺纹：公称直径20 mm，螺距2 mm，中径和顶径公差带代号均为6g，中等旋合长度，左旋，螺纹长34 mm，倒角C2，退刀槽为4×∅16.4。

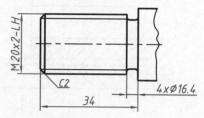

（3）普通螺纹：公称直径16 mm，螺距1.5 mm，中径和顶径公差带代号均为6H，螺纹长度32 mm，倒角C2，钻孔深40 mm。

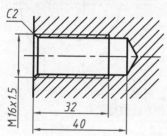

提示：

钻孔深不包括孔的尖端部分。

（4）普通螺纹，公称直径为20 mm，螺距2.5 mm，中径和顶径公差带代号均为6H，短旋合长度，右旋。螺纹长35 mm，倒角C2，退刀槽为5×∅20.5。

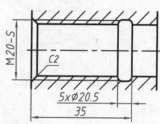

提示：

螺纹长度画到退刀槽结束处。

（5）非螺纹密封的管螺纹：尺寸代号3/4，公差等级为A级，右旋，螺纹长度42 mm，倒角C2。

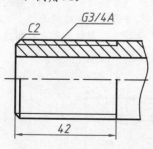

提示：

注意管螺纹与普通螺纹标注方法不同，不用尺寸线和尺寸界线，而用细实线从螺纹大径引出标注。

（6）非螺纹密封的管螺纹：尺寸代号1/2，单线，左旋，螺纹长度25mm。

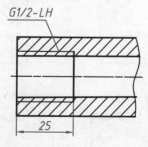

第8章 标准件和常用件

8-4 在指定位置画出移出断面图。

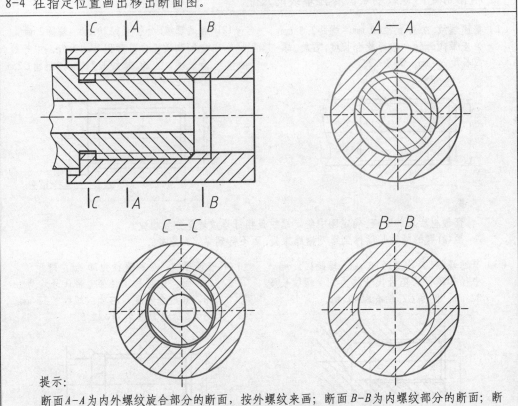

提示：

断面 *A–A* 为内外螺纹旋合部分的断面，按外螺纹来画；断面 *B–B* 为内螺纹部分的断面；断面 *C–C* 为外螺纹退刀槽处的断面，无螺纹旋合，螺纹部分按内螺纹画。

8-5 选择螺纹画法中正确的图形（a, c, d, e）。

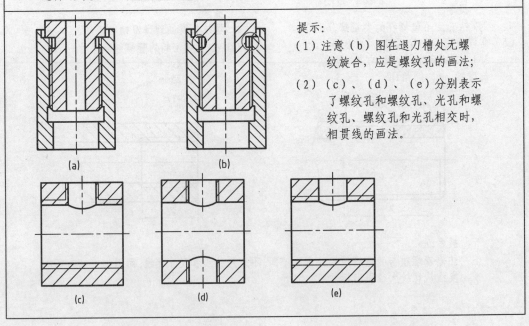

提示：

(1) 注意（b）图在退刀槽处无螺纹旋合，应是螺纹孔的画法；

(2)（c）、（d）、（e）分别表示了螺纹孔和螺纹孔、光孔和螺纹孔、螺纹孔和光孔相交时，相贯线的画法。

第8章 标准件和常用件

8-6 分析下边螺栓联连接、螺钉联接画法中的错误，将正确的画在右边。

（1）螺栓联接。

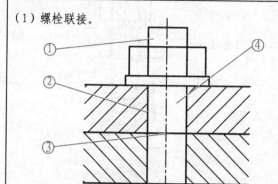 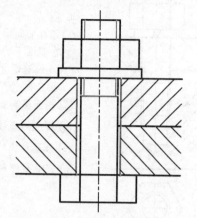

提示：

①螺栓杆上的螺纹；　②通孔与螺栓杆的间隙；　③上、下板接触面的投影；

④螺栓杆上的螺纹终止线。

（2）　螺钉(开槽圆柱头螺钉)联接。

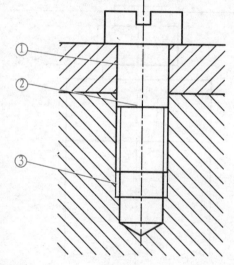 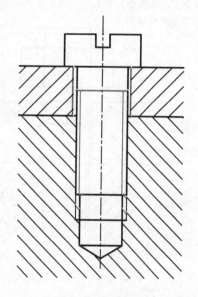

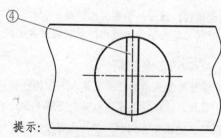 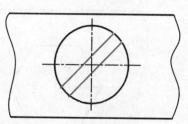

提示：

①通孔与螺钉杆的间隙；　②螺钉杆应有足够长的螺纹；　③剖面线画到粗实线处；

④螺钉头部一字槽应画成与中心线成45°的斜槽或2倍粗实线宽的斜线。

第8章 标准件和常用件

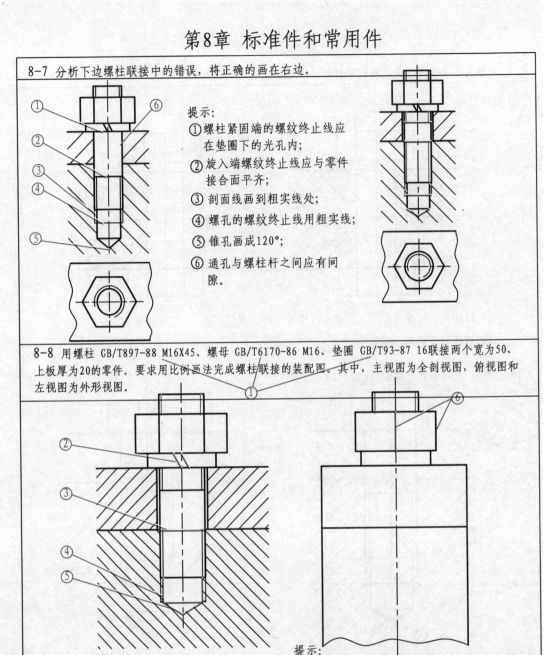

8-7 分析下边螺柱联接中的错误，将正确的画在右边。

提示:

① 螺柱紧固端的螺纹终止线应在垫圈下的光孔内;

② 旋入端螺纹终止线应与零件接合面平齐;

③ 剖面线画到粗实线处;

④ 螺孔的螺纹终止线用粗实线;

⑤ 锥孔画成120°;

⑥ 通孔与螺柱杆之间应有间隙。

8-8 用螺柱 GB/T897-88 M16X45、螺母 GB/T6170-86 M16、垫圈 GB/T93-87 16联接两个宽为50、上板厚为20的零件。要求用比例画法完成螺柱联接的装配图。其中，主视图为全剖视图，俯视图和左视图为外形视图。

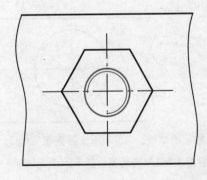

提示:

① 由螺柱、螺母和垫圈的标记确定它们各自的简化结构形式，用比例画法确定有关尺寸;

② 给出的是弹簧垫圈;

③ 螺柱的旋入端必须完全旋入下方的联接件;

④ 装配画法中钻孔深可以简化为螺孔深;

⑤ 钻孔的锥角为120°，应从内螺纹小径处起画;

⑥ 注意螺母在左视图上的投影和宽度，尤其左右棱边的投影。

第8章 标准件和常用件

8-9 已知直齿圆柱齿轮模数为$m=3$，齿数$z=20$，计算齿轮的分度圆、齿顶圆和齿根圆的直径填入下表，并完成齿轮轮齿部分的投影和标注轮齿部分的尺寸。

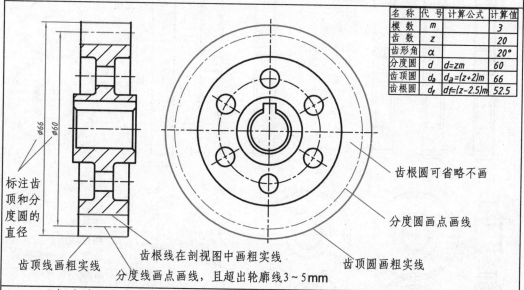

名 称	代 号	计算公式	计算值
模 数	m		3
齿 数	z		20
齿形角	α		20°
分度圆	d	$d=zm$	60
齿顶圆	d_a	$d_a=(z+2)m$	66
齿根圆	d_f	$df=(z-2.5)m$	52.5

标注齿顶和分度圆的直径

$\phi 66$ $\phi 60$

齿根圆可省略不画

分度圆画点画线

齿顶圆画粗实线

齿顶线画粗实线

齿根线在剖视图中画粗实线

分度线画点画线，且超出轮廓线3~5mm

8-10 已知直齿圆柱齿轮的模数$m=3$，小齿轮的齿数$z_1=14$，中心距$a=45$。求大齿轮的齿数z_2，两齿轮分度圆、齿顶圆和齿根圆的直径及传动比，完成齿轮啮合的两视图。

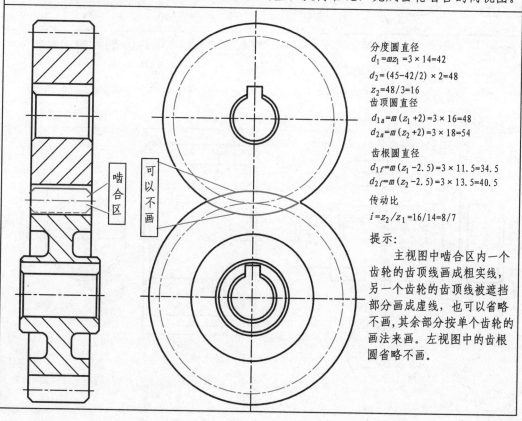

啮合区

可以不画

分度圆直径
$d_1=mz_1=3 \times 14=42$
$d_2=(45-42/2) \times 2=48$
$z_2=48/3=16$

齿顶圆直径
$d_{1a}=m(z_1+2)=3 \times 16=48$
$d_{2a}=m(z_2+2)=3 \times 18=54$

齿根圆直径
$d_{1f}=m(z_1-2.5)=3 \times 11.5=34.5$
$d_{2f}=m(z_2-2.5)=3 \times 13.5=40.5$

传动比
$i=z_2/z_1=16/14=8/7$

提示：
主视图中啮合区内一个齿轮的齿顶线画成粗实线，另一个齿轮的齿顶线被遮挡部分画成虚线，也可以省略不画，其余部分按单个齿轮的画法来画。左视图中的齿根圆省略不画。

第8章 标准件和常用件

8-11 选择正确的齿轮啮合画法。

(1)

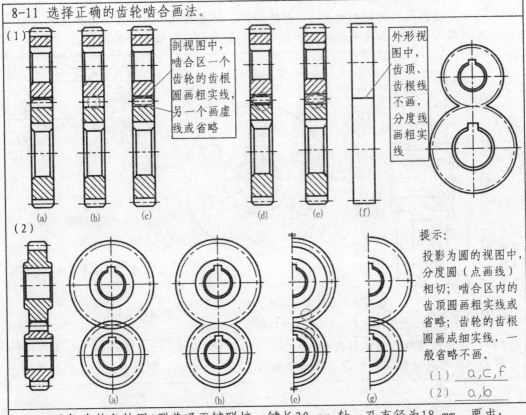

剖视图中，啮合区一个齿轮的齿根圆画粗实线，另一个画虚线或省略

外形视图中，齿顶、齿根线不画，分度线画粗实线

(a) (b) (c) (d) (e) (f)

(2)

提示：
投影为圆的视图中，分度圆（点画线）相切；啮合区内的齿顶圆画粗实线或省略；齿轮的齿根圆画成细实线，一般省略不画。

(1) __a,c,f__
(2) __a,b__

(a) (b) (e) (g)

8-12 已知齿轮和轴用A型普通平键联接，键长20 mm，轴、孔直径为18 mm，要求：

（1）写出A型普通平键的规定标记：__GB/T 1096 键 6X6X20__（查教材附表得出键宽 $b=6$）

（2）查表确定键槽的尺寸，画全下列各图中所缺的图线；（查教材附表得出键宽 $b=6$ 和槽深 t）

（3）在齿轮、轴的视图中分别标注轴、孔直径和键槽的尺寸。

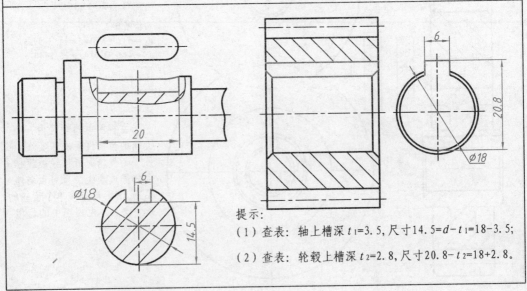

提示：
（1）查表：轴上槽深 $t_1=3.5$，尺寸 $14.5=d-t_1=18-3.5$；

（2）查表：轮毂上槽深 $t_2=2.8$，尺寸 $20.8-t_2=18+2.8$。

第8章 标准件和常用件

8-13 补画用A型普通平键（GB/T-1096 键5×5×14）联接轴和齿轮的装配图。

键和轮毂的键槽之间
留有间隙，画两条线

键和轴的键槽之间
配合，画一条线

8-14 补画用A型普通平键（GB/T-1096 键5×5×14）连接轴和齿轮的装配图。

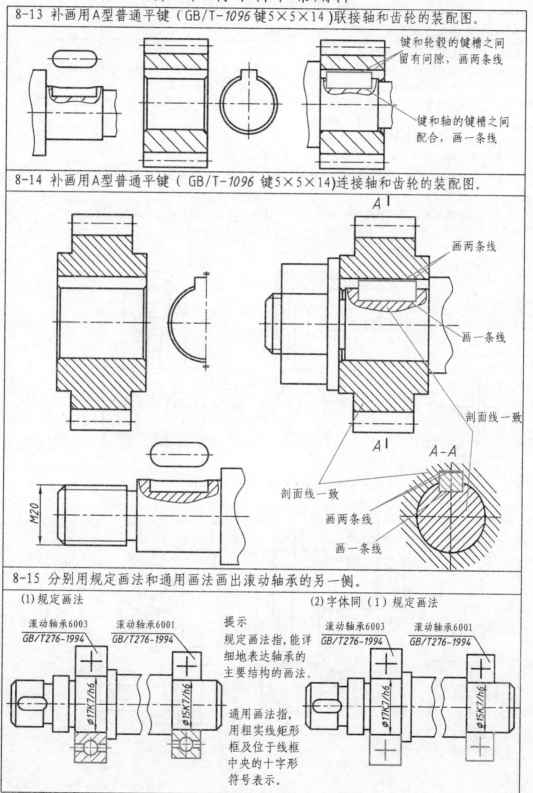

画两条线

画一条线

剖面线一致

剖面线一致

画两条线

画一条线

8-15 分别用规定画法和通用画法画出滚动轴承的另一侧。

(1) 规定画法

滚动轴承6003
GB/T276-1994

滚动轴承6001
GB/T276-1994

Ø17K7/h6

Ø15K7/h6

(2) 字体同（1）规定画法

滚动轴承6003
GB/T276-1994

滚动轴承6001
GB/T276-1994

Ø17K7/h6

Ø15K7/h6

提示

规定画法指，能详
细地表达轴承的
主要结构的画法。

通用画法指，
用粗实线矩形
框及位于线框
中央的十字形
符号表示。

第9章 零件图

9-1 按要求标注零件图的尺寸和表面结构。

（1）要求：①尺寸数值由图中量取并圆整；

②去除材料表面，其中 A、C、D、E 表面的结构参数为：MRR Ra 6.3，表面 B、F 的粗糙参数为：MRR Ra 3.2，其他加工表面的粗糙度参数为：MRR Ra 12.5；

③内螺纹为普通粗牙螺纹，公称直径为 5 mm，中等公差精度，中径和顶径公差带代号为 6H，中等旋合长度，右旋；

④铸造圆角半径为 2～3 mm。

第一步：标注尺寸。

提示：①分块，如图所示，零件划分为Ⅰ、Ⅱ、Ⅲ三部分，即底部圆柱筒、顶部圆柱筒和联接部分；

②确定长、宽、高基准，如图所示；③分别标注每部分定位和定形尺寸。

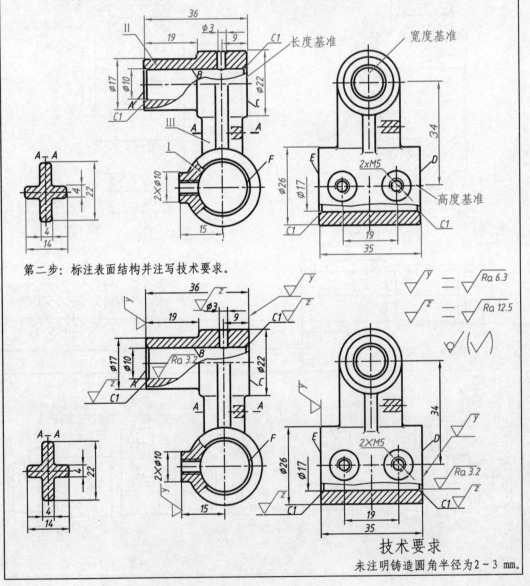

第二步：标注表面结构并注写技术要求。

技术要求

未注明铸造圆角半径为 2～3 mm。

第9章 零件图

9-1 按要求标注零件图的尺寸和表面结构。

(2)　要求：①尺寸数值由图中量取并圆整；

②去除材料表面，表面结构参数为：MRR *Ra* 6.3；

③螺纹为非螺纹密封的管螺纹，尺寸代号1/4。

第一步：标注尺寸。

提示：①分块：如图所示，零件
划分为Ⅰ、Ⅱ、Ⅲ三部分，
即底板（Ⅰ）、圆柱筒
（Ⅱ）和左边两块半圆板
（Ⅲ）；

②确定长、宽、高基准，
如图所示；

③分别标注每部分定位和
定形尺寸。

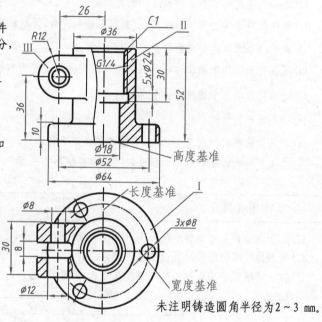

未注明铸造圆角半径为2～3 mm。

第二步：标注表面结构度。

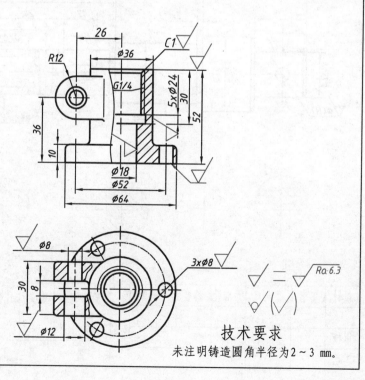

技术要求

未注明铸造圆角半径为2～3 mm。

81

第9章 零件图

9-2 选择填空。

(1) 在选择零件图的主视图时，零件的放置原则是（ b ）。

(a) 以放平稳为原则　　(b) 以零件被加工时所处的位置或工作位置为原则

(2) 选择零件图的主视图投射方向的原则是（ a ）。

(a) 最能反映零件的形状特征　　(b) 最容易绘制　　(c) 得到的图形最简单

(3) 表达一个零件的视图数目是（ a ）。

(a) 应在完整、清晰地表达零件内外结构的前提下，视图的数目最少

(b) 应尽可能用三个视图表达零件的内外结构

(4) 一个零件的结构（ c ）。

(a) 与其功能和材料有关　　(b) 应尽量满足造型美观

(c) 在满足其功能和材料允许的情况下应尽量使造型美观

9-3　读零件图（轴）。

(1) 在指定位置上画出移出断面图，并在圆圈附近画出2∶1的局部放大图；

(2) 查表标注键槽的尺寸和极限偏差数值；

(3) 标注键槽部分的表面结构（键槽工作面 MRR Ra 为3.2，键槽底面 MRR Ra 为6.3）。

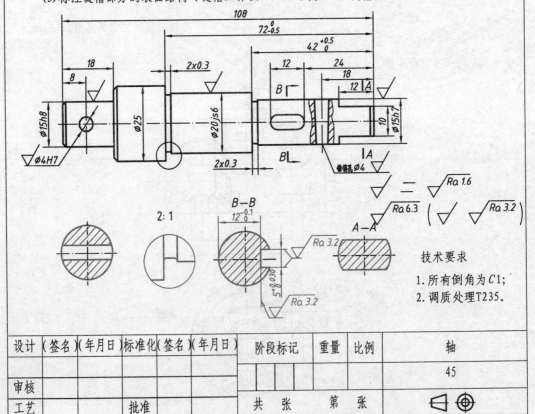

技术要求

1. 所有倒角为 $C1$；
2. 调质处理T235。

设计	(签名)	(年月日)	标准化	(签名)	(年月日)	阶段标记	重量	比例	轴
									45
审核									
工艺			批准			共　张	第　张		

第9章 零件图

9-4 读零件图（轴）。

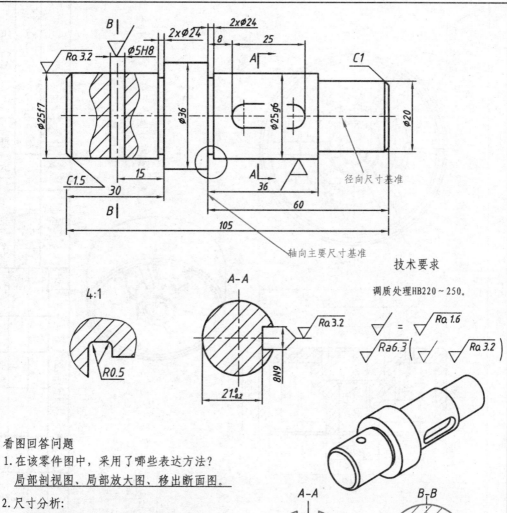

4:1

A-A

技术要求

调质处理HB220～250。

$\sqrt{} = \sqrt{Ra\,1.6}$

$\sqrt{Ra6.3}\left(\sqrt{}\quad\sqrt{Ra\,3.2}\right)$

看图回答问题

1.在该零件图中，采用了哪些表达方法？
　局部剖视图、局部放大图、移出断面图。

2.尺寸分析：
　1)找出零件径向尺寸基准和轴向主要尺寸
　　基准；(标注在图中)
　2)在尺寸φ25f7中，φ25是基本尺寸、
　　f是轴的基本偏差代号、7是轴的公差等级代号。

3.局部放大图可以采用哪些表达方式？
　视图、剖视图、断面图。

A-A　　　　　B-B

(第4题答案)

4.如果将轴绕轴线由前向上旋转90°，作为主视方向，轴上的销孔和键槽部分应如何表达？

设计	〈签名〉	〈年月日〉	标准化	〈签名〉	〈年月日〉	阶段标记		重量	比例	轴
审核										45
工艺			批准			共　张	第　张			

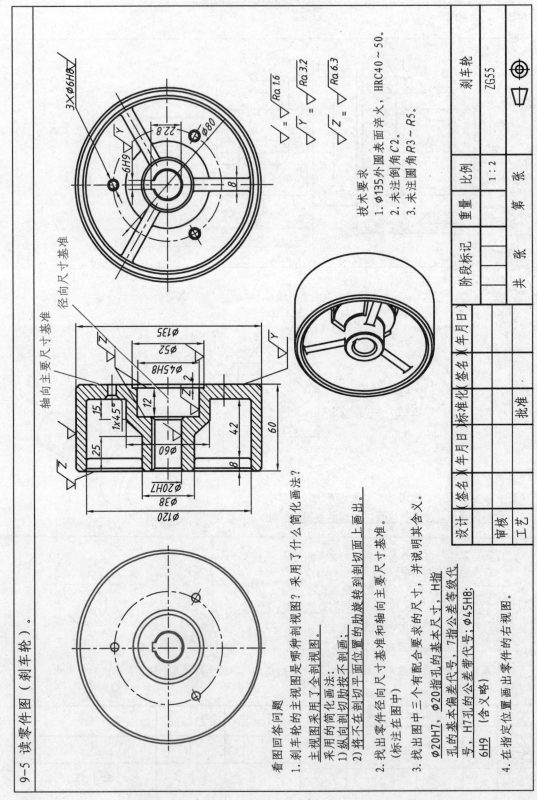

技术要求
1. Φ135外圆表面淬火，HRC40～50。
2. 未注倒角C2。
3. 未注圆角R3～R5。

$\bigtriangledown = \sqrt{\ } \quad \sqrt{\ } \quad Ra\ 1.6$

$\bigtriangledown Y = \sqrt{\ } \quad Ra\ 3.2$

$\bigtriangledown Z = \sqrt{\ } \quad Ra\ 6.3$

3×Φ6H8

Φ80

22.8

6H9

8

轴向主要尺寸基准

径向尺寸基准

Φ135
52
Φ45H8
Z
Y
15
1×45°
12
25
Φ60
Φ20H7
Φ38
Φ120
42
60
8

刹车轮		
ZG55		
比例	重量	
1:2		
共 张	第 张	

阶段标记

设计 （签名）（年月日） 标准化 （签名）（年月日）
审核
工艺   批准

9-5 读零件图（刹车轮）。

看图回答问题
1. 刹车轮的主视图是哪种剖视图？采用了什么简化画法？
主视图采用了全剖画法。
采用的简化画法：
1) 纵向剖切肋按不剖画；
2) 将不在剖切平面的肋转到剖切面上画出。

2. 找出零件径向尺寸基准和轴向主要尺寸基准。
（标注在图中）

3. 找出图中三个有配合要求的尺寸，并说明其含义。
Φ20H7，Φ20指孔的基本尺寸，H指
孔的基本偏差代号，7指公差等级代
号；H7孔的公差带代号；Φ45H8；
6H9
（含义略）

4. 在指定位置画出零件的右视图。

84

第9章 零件图

9-6 读懂轴承盖零件图，画出 $B-B$ 半剖视图。

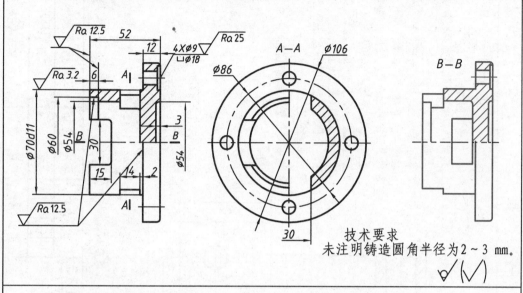

技术要求
未注明铸造圆角半径为2～3 mm。

9-7 读懂支架零件图，画出 $A-A$ 全剖视图和 B 向局部剖视图。

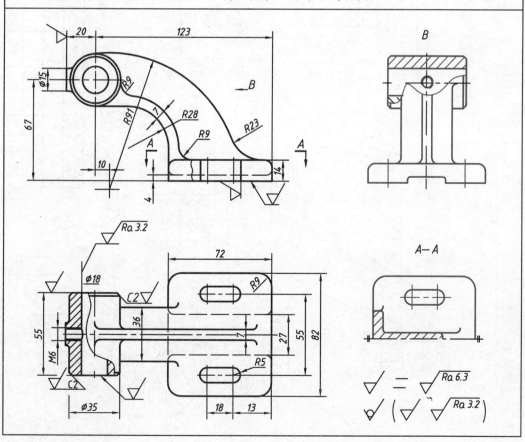

第9章 零件图

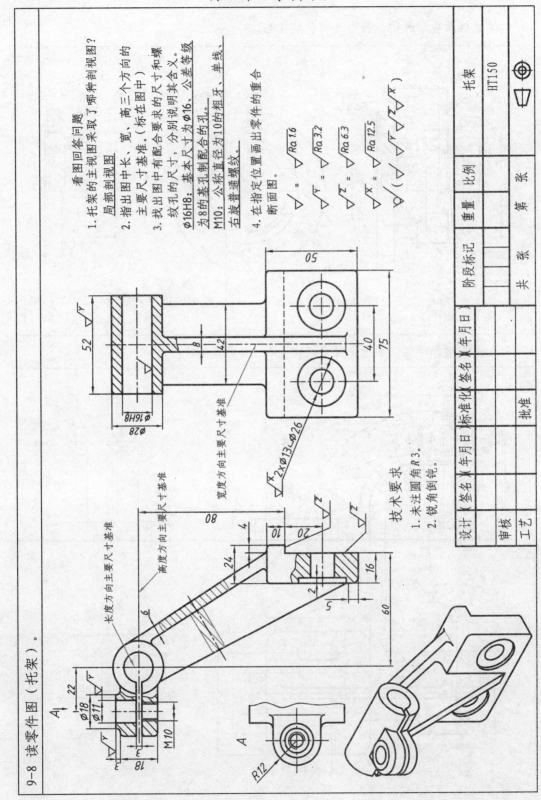

9-8 读零件图（托架）。

看图回答问题

1. 托架的主视图采取了哪种剖视图？局部剖视图

2. 指出图中长、宽、高三个方向的主要尺寸基准。（标在图中）

3. 找出图中有配合要求的尺寸和螺纹孔的尺寸，分别说明其含义。$\phi16H8$：基本尺寸为$\phi16$，公差等级为8的基孔制配合的孔。M10：公称直径为10的粗牙、单线、右旋普通螺纹。

4. 在指定位置画出零件的重合断面图。

$\sqrt{} = \sqrt{Ra\,1.6}$

$\sqrt{}^Y = \sqrt{Ra\,3.2}$

$\sqrt{}^Z = \sqrt{Ra\,6.3}$

$\sqrt{}^X = \sqrt{Ra\,12.5}$

$\sqrt{}(\sqrt{}^Y \sqrt{}^Z \sqrt{}^X)$

技术要求
1. 未注圆角R3。
2. 锐角倒钝。

长度方向主要尺寸基准

高度方向主要尺寸基准

宽度方向主要尺寸基准

托架

HT150

86

第9章 零件图

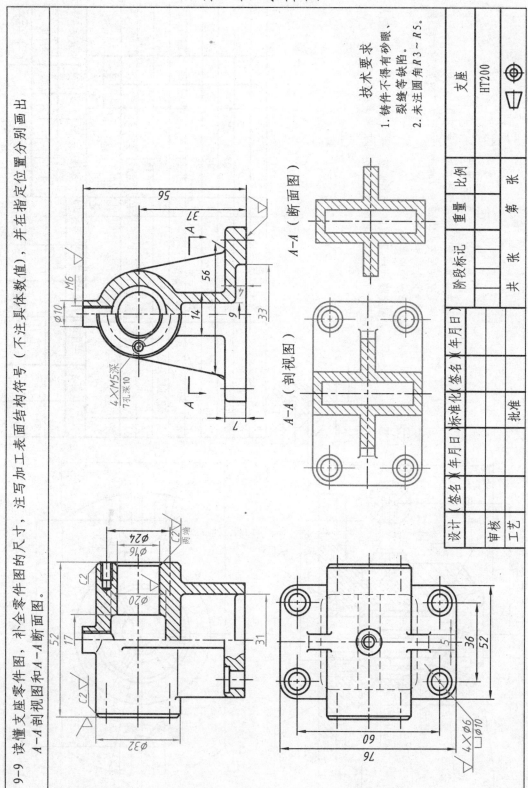

9-9 读懂支座零件图，补全零件图的尺寸，注写加工表面结构符号（不注具体数值），并在指定位置分别画出 A—A 剖视图和 A—A 断面图。

技术要求

1. 铸件不得有砂眼、裂缝等缺陷。
2. 未注圆角 R3～R5。

支座

HT200

A—A（断面图）

A—A（剖视图）

第10章 装配图

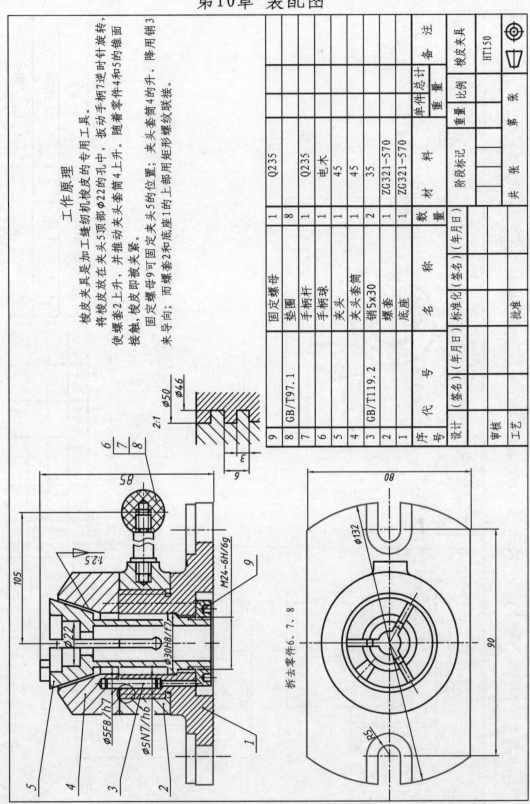

工作原理

梭皮夹具是加工缝切机梭皮的专用工具。

将梭皮放在夹头5顶部Φ22的孔中，扳动手柄7逆时针旋转，使螺套2上升，并推动夹头套筒4上升。随着零件4和5的锥面接触，梭皮即被夹紧。

固定螺母9可固定夹头5的位置；夹头套筒4的上升以来导向；而螺套2和底座1的上部用矩形螺纹联接。降用销3来导向。

序号	代 号	名 称	数量	材 料	备 注
9	GB/T97.1	固定螺母	1	Q235	
8		垫圈	8	Q235	
7		手柄杆	1	电木	
6		手柄球	1	45	
5		夹头	1	45	
4		夹头套筒	1	35	
3	GB/T119.2	销5×30	2		
2		螺套	1	ZG321-570	
1		底座	1	ZG321-570	

设计	(签名)(年月日)	标准化 (签名)(年月日)		梭皮夹具
审核			阶段标记	重量 比例
批准				单件 总计
工艺				重量
				HT150
				共 张 第 张

拆去零件6、7、8

88

10-1 看装配图（梭皮夹具）。

看图回答问题

1. 装配图中采用了什么特殊表达方法？采用了什么简化画法？这样的表达方案有什么优点？
主视图采用哪种剖视图？附视图采用了拆卸画法。
特殊表达方法：附视图采用了拆卸画法。
简化画法：(1) 3号件销和7号件手柄按不剖表画。
(2) 3号件销连接在装配图中有两组，省略画了一组，用点画线标明了其装配位置。
(3) 7号件手柄采用了断裂画法。
主视图采用的是：全剖视图。其优点是可以清楚地表达各个零件间的装配关系。

2. 指出图中安装尺寸。
安装尺寸：R5和90。（附视图中1号件底座两端孔的外形和定位尺寸。安装尺寸是指机器或部件与其他零件、部件、基座间安装所需要的尺寸）

3. 找出图中三个配合尺寸，并说明其代号的含义。
Φ5F8/h7（3号件销和4号件夹头间的配合尺寸）：
该配合为基轴制间隙配合，Φ5为基本尺寸，F8为孔的公差带代号，F为孔的基本偏差代号，8为公差等级代号，h7为轴的公差带代号，h为轴的基本偏差代号，7为公差等级代号。
Φ5N7/h6（3号件销和2号件螺塞间的基轴制过渡配合，其含义略）。
Φ30H8/f7（1号件底座和5号件夹头间的基孔制间隙配合，其含义略）。

4. 拆画底座1和夹头5的零件图。
提示：首先按剖切面的间隔和区域将对应零件圈出，再将其余部分补画完整，并考虑零件间间隔采用何种表达方法表达。

第一步：
根据装配图中的投影关系以及剖面线的方向和间隔，勾画1号件底座的轮廓（参看装配图的红色区域），然后将圈出的部分从装配图中移出。

第二步：
将底座在装配图中被遮挡的结构补画完整，按照底座的结构特点选择半剖表达，底座上的螺纹部分采用局部剖表达其牙型结构。

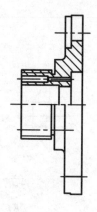
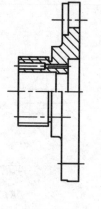
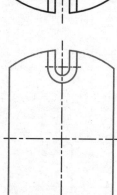

1号件底座的拆卸过程

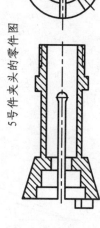
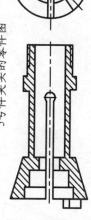

5号件夹头的零件图

第11章 模拟题

11-1 第一套模拟题。

一、线、面投影。（3分）

1.判别下列直线对投影面的相对位置。

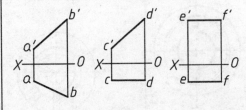

AB ＿＿＿＿＿ 线

CD ＿＿＿＿＿ 线

EF ＿＿＿＿＿ 线

2.判别下列平面对投影面的相对位置。

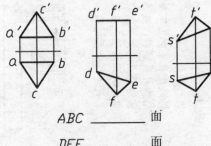

ABC ＿＿＿＿＿ 面

DEF ＿＿＿＿＿ 面

STR ＿＿＿＿＿ 面

二、截切及相贯。（14分）

1.补全截切圆锥的水平及侧面投影。（5分）

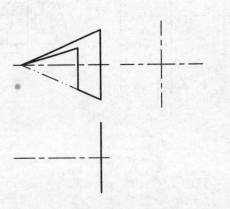

2.补全截切圆球的俯、左视图中所缺的图线。（5分）

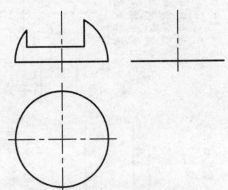

3.补全主视图中所缺的图线。（4分）

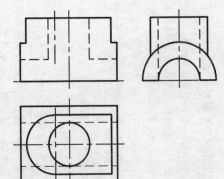

三、补全主、俯视图中所缺的图线。（4分）

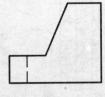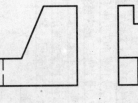

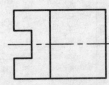

第11章 模拟题

11-1 第一套模拟题。

四、画出组合体的左视图。（虚线全部画出）（6分） 五、改错（不要的线打叉，缺少的线补上）（6分）

1. 移出断面图（3分）　　2. 局部剖视图（3分）

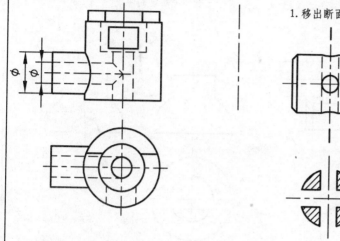

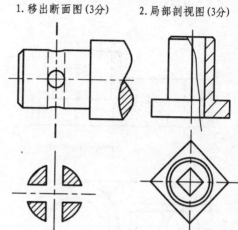

六、画出半剖视的主视图和全剖的左视图。（14分）

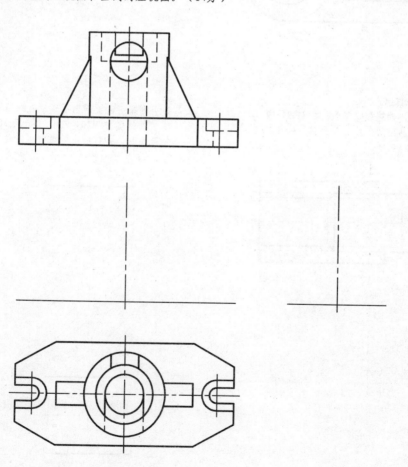

第11章 模拟题

七、补线。（8分）

1. 补全主视图中所缺的图线(不补虚线)。（5分）　　2. 补全三视图中所缺的图线。（3分）

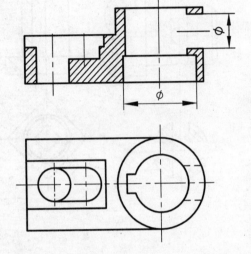
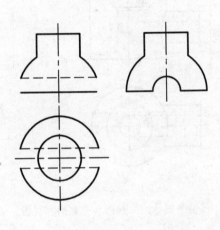

八、标准件（10分）

1. 已知内、外螺纹联接图，在剖切位置
的延伸上画出两个移出断面图。（4分）

2. 在下列指定位置画出不通螺孔的两视图，
螺纹的标记为：M20×2LH，螺孔深30，
钻孔深40，并按给出的数值标注尺寸。（6分）

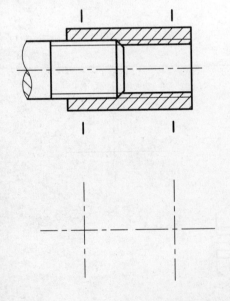
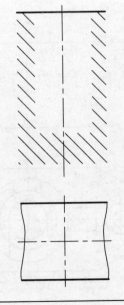

第11章 模拟题

九、读"拨叉"零件图。(7分)

要求：1.补画A-A移出断面图；（2分）　　2.完成下面的填空题。（5分）

B-B

20

Ø20

M10×1

A　　　A

R30
R24

66

A-A

86b11

4

5

45

C1.5
两端

Ø 19H9

Ra1.6

B

Ø23

2

R4

6

38

5

B

30

29

38H11

46

$\sqrt{Z} = \sqrt{Ra\,3.2}$

$\sqrt{Y} = \sqrt{Ra\,6.3}$

$\sqrt{X} = \sqrt{Ra\,12.5}$

$\sqrt{}$（$\sqrt{}$）

技术要求

1. 未注铸造圆角 $R2 \sim 5$;
2. 铸件不得有气孔、砂眼等缺陷;
3. 铸件应退火处理。

填空题

1. 38H11表示基本尺寸是_____，H11表示_____代号，11表示_____代号，

2. M10X1是_____螺纹，螺距是_____mm，螺纹公差带代号是_____;

3. 在全部去除材料表面中，表面结构等级最高的代号是_____，等级最低的代号是_____;

4. 在技术要求的第1条中所指的圆角是一种_____工艺结构;

5. 此零件采用了____个视图表达，主视图采用_____剖视，A-A为_____。

第11章 模拟题

11-1 第一套模拟题。

十、读零件图，按要求完成下列各题．（22分）

要求：1. 补全图中所缺少的尺寸，图中的螺纹为普通螺纹（不注具体数值，但有"ϕ、R"之处应
注出"ϕ、R"，螺纹按规定标出）；

    2. 将A-A改为移出断面图。

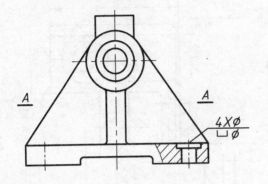
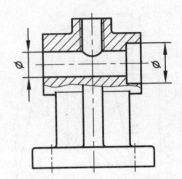

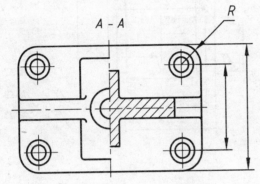

十一、读懂微动机构装配图，按下面要求填空。（6分）

1. ϕ30H8/k8是装配图＿＿＿＿＿尺寸，k8是＿＿＿＿＿代号，k是＿＿＿＿＿代号，基准孔的基本

偏差代号为＿＿＿＿＿；

2. ϕ20H8/f7表示＿＿＿＿＿制，属于＿＿＿＿＿配合；

3. 拆卸4号件的顺序号是＿＿＿＿＿＿＿＿＿＿；

4. 写出2个安装尺寸＿＿＿＿＿＿＿、＿＿＿＿＿＿＿；

5. 本装配图有＿＿＿＿＿种零件，其中标准件有＿＿＿＿＿种；

6. ϕ8H8/h7是零件＿＿＿＿＿与零件＿＿＿＿＿的配合；

7. 82、22属于该装配图＿＿＿＿＿尺寸；

8. 微动机构是＿＿＿＿＿号零件在作轴向移动，最大移动量是＿＿＿＿＿mm；

9. 装配图主要有＿＿＿＿＿、＿＿＿＿＿、＿＿＿＿＿、＿＿＿＿＿及其他重要尺寸；

10. 此装配图采用的表达方法：＿＿＿＿＿＿＿＿＿＿＿＿＿＿＿＿。

第11章 模拟题

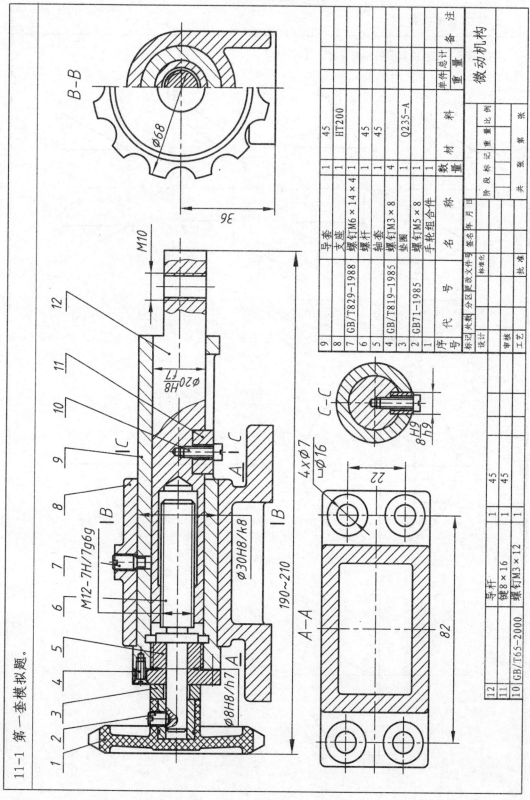

11-1 第一套模拟题。

第11章 模拟题

11-2 第二套模拟题。

一、判断下列平面对投影面的相对位置。（8分）

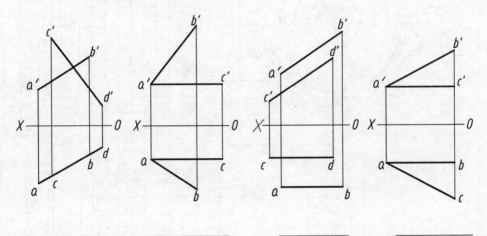

二、补画水平面和侧面投影。（12分）

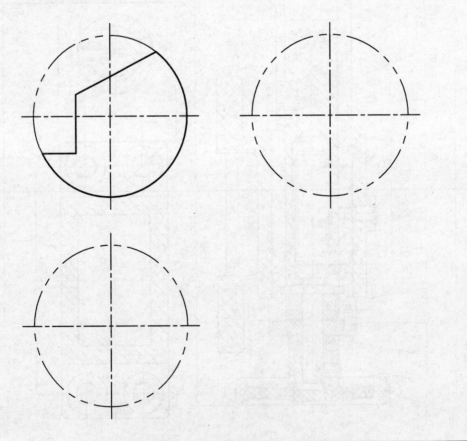

第11章 模拟题

11-2 第二套模拟题。

三、求点M到三角形ABC的距离（换面法）。（12分）

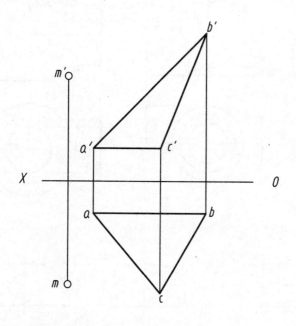

四、求已知直线与平面的交点，并判别可见性。（10分）

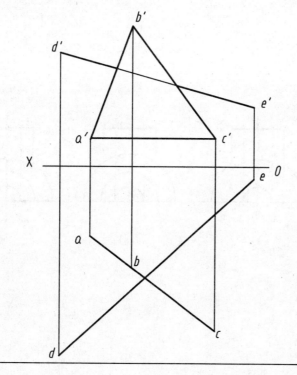

第11章 模拟题

五、补全主视图中所缺的线。（8分）

1.

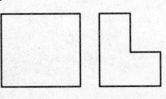

2.

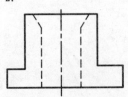

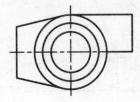

3.

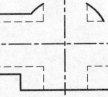

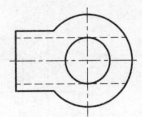

六、选择投影正确的左视图。（4分）

1.

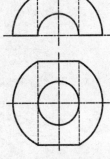

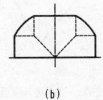

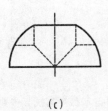

（a）　　　　　　　（b）　　　　　　　（c）

2.

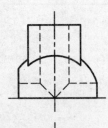

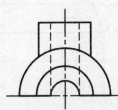

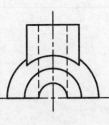

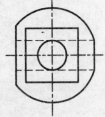

（a）　　　　　　　（b）　　　　　　　（c）

第11章 模拟题

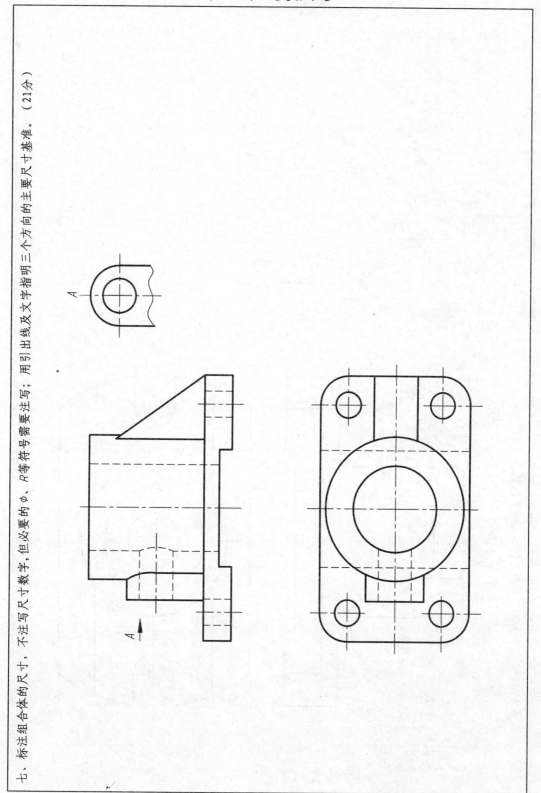

七、标注组合体的尺寸，不注写尺寸数字，但必要的 φ、R等符号需要注写；用引出线及文字指明三个方向的主要尺寸基准。（21分）

八、已知组合体的正面投影和水平投影，画出其侧面投影。（15分）

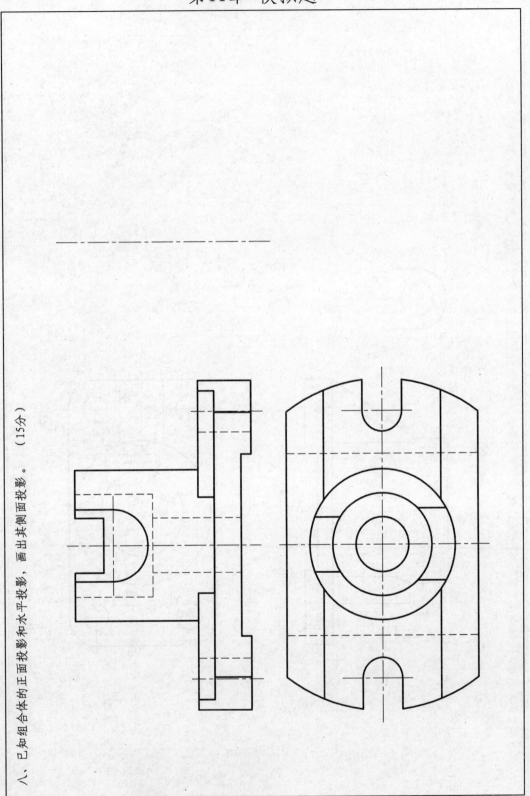

第11章 模拟题

11-3 第三套模拟题。

一、补线和改错。（12分）

1. 补画全剖主视图中所缺的图线。（3分） 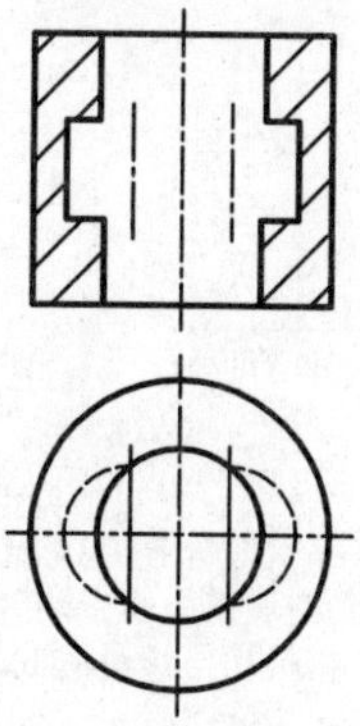
2. 补画半剖主视图中所缺的图线。（3分） 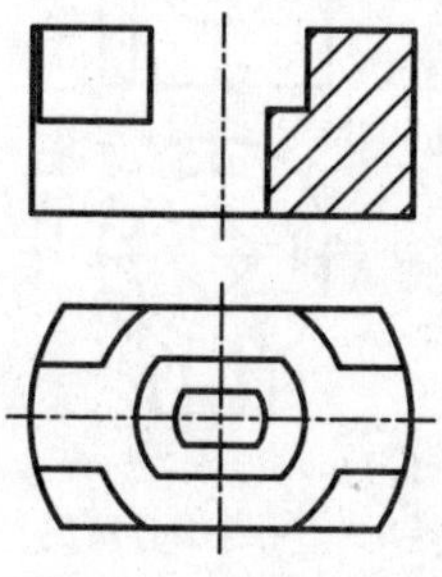
3. 补线和改错：不要的线打"×"，缺少的线补上；并在下面断面图上方注出相应剖切位置的断面图名称。（6分）

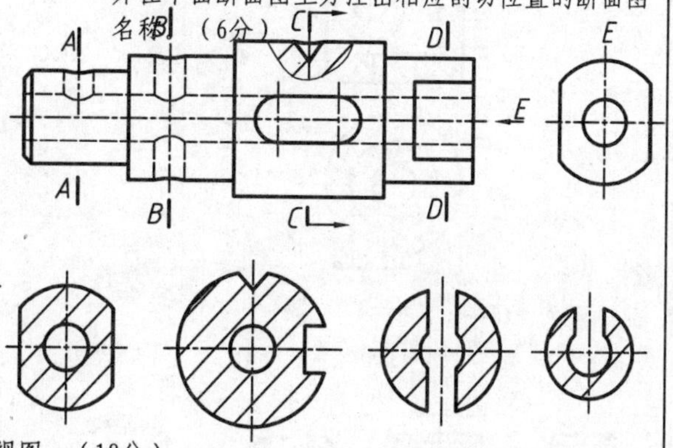

二、在指定位置作出全剖的主视图和半剖的左视图。（18分）

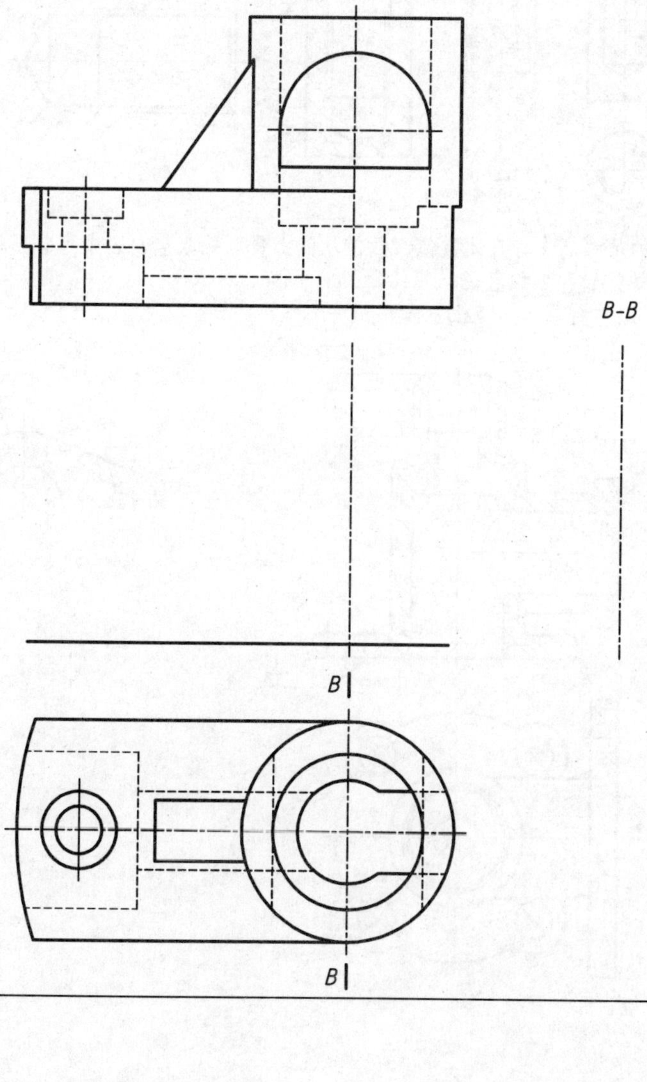

B-B

第11章 模拟题

11-3 第三套模拟题。

三、正确画出下列局部剖视图。（8分）

1.

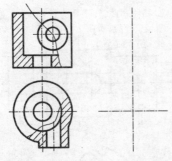

2.

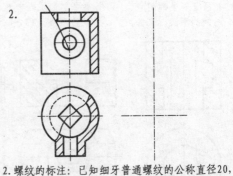

四、螺纹。（8分）

1.改正螺纹画法中的错误,不要的线打"×"。（4分）

2.螺纹的标注：已知细牙普通螺纹的公称直径20,螺距1,中等公差精度,中径与顶径公差带均为7H,中等旋合长度,左旋,孔深40,螺纹长30,倒角为C1.5。（4分）

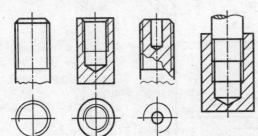

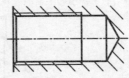

五、注全零件图的尺寸,注写具体数值,数值从图上量取并取整,图中为普通粗牙螺纹,只注螺纹牙型代号和公称直径。（18分）

A—A

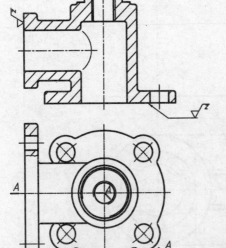

第11章 模拟题

11-3 第三套模拟题。

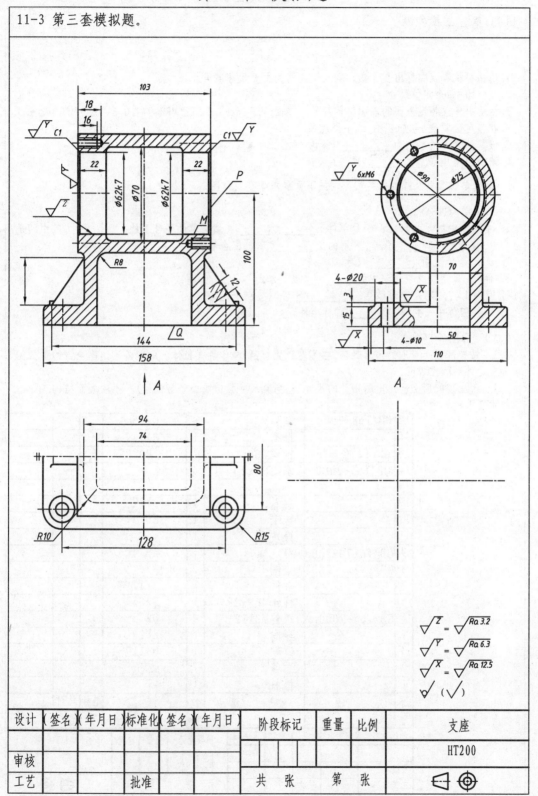

设计	（签名）	（年月日）	标准化	（签名）	（年月日）	阶段标记		重量	比例	支座
审核										HT200
工艺			批准			共　张		第　张		

第11章 模拟题

11-3 第三套模拟题。

1. 用指引线和汉字标出长、宽、高三个方向的主要尺寸基准。
2. 写出图中2个定位尺寸 _____ , _____ 。
3. 在图中标注指定表面的表面结构符号： M面:MRR Ra 3.2 P面MRR : Ra 6.3 Q面:MRR Ra 6.3。
4. 在指定位置画出A向视图。(不画虚线)
5. 该零件采用的材料为_____(铸铁、钢)。
6. 俯视图采用了_____画法。

七、读懂单缸吸气泵部件的装配图，按下面要求填空及作图。 （24分）

（一）填空 （10分）
1. 主视图中的尺寸φ28H8/f7是零件_____和_____（填写零件序号）的_____尺寸，其中f7是_____代号，f是_____代号，采用的是_____制的配合制度。
2. φ3.7是装配图_____尺寸。
3. 件4D 采用特殊表达法中的_____表达法;
4. 序号4与序号7是通过序号_____零件联接在一起的。
5. 本装配体中一共有_____种标准件。

（二）拆图（14分）
　1. 按装配图上量取的尺寸数值,在指定位置拆画7号零件（缸体）的零件图，画全剖的主视图和表达外形的左视图。
　2. 只注装配图上已注出的相关的尺寸(包括其尺寸数值或公差带代号),不注表面结构,不注技术要求和标题栏。

17	GB/T68-2000	螺钉M3	4	Q235		
16		轴套	1	QA119-4		
15	GB/T276-1994	轴承606	1	1000094		
14	GB/T65-2000	螺钉M4x20	4			
13		垫圈	1			
12		缸盖	1	LY12		
11		接嘴	1	H6		
10		橡皮膜	1			
9	GB/T6170-2000	固定螺母	1	A3		
8	GB/T97.1-2002	垫圈	2	A3		
7		缸体	1	LY12		
6		柱销4h8x28	1	Q235		
5	GB/T65-2000	螺钉M3x12	4	Q235		
4		导向盖	1	LY12		
3		轴套	1	QA119-4		
2		弹簧	1	65Mn		
1		推杆	1	45		
序号	代　　号	名　　称	数量	材　　料	单件　总计重量	备注
设计	（签名）（年月日）	标准化	（签名）（年月日）	阶段标记　重量　比例		单缸吸气泵
审核						
工艺		批准		共　张　第　张		

104

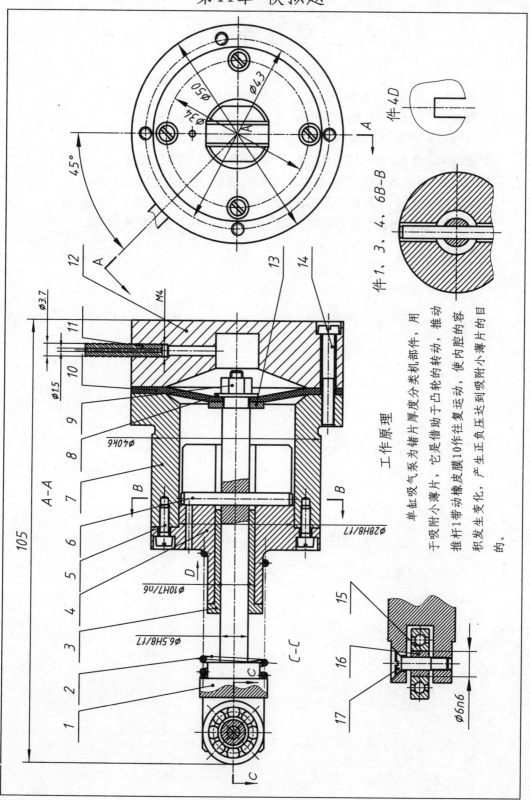

件4D

件1、3、4、6B-B

工作原理

单缸吸气泵为锗片厚度分类机部件，用于吸附小薄片，它是借助于凸轮的转动，推动推杆1带动橡皮膜10作往复运动，使内腔的容积发生变化，产生正负压达到吸附小薄片的目的。

主要参考书目

[1]孙兰凤等主编. 工程制图.北京:高等教育出版社,2010.

[2]曾维川等主编.工程制图习题集.北京:高等教育出版社,2010.

[3]周桂英等主编.工程制图.天津:天津大学出版社,2011.

[4]张惠云等主编.工程制图习题集.天津:天津大学出版社,2011.

[5]何铭新、钱可强主编.机械制图及习题集.北京:高等教育出版社,2009.

[6]焦永和等主编.工程制图及配套习题集.北京:高等教育出版社,2009.

[7]胡建生主编.机械制图习题集(多学时)北京:机械工业出版社,2009.